贵州山地民族聚落研究丛书
Research Series on Mountainous Minorities Settlements in Guizhou

贵州黔东南地区侗族聚落调查研究

SURVEY AND STUDY ON DONG SETTLEMENTS IN SOUTHEAST
GUIZHOU

周政旭　贾子玉　高梦瑶　等著

中国建筑工业出版社

图书在版编目（CIP）数据

贵州黔东南地区侗族聚落调查研究 = SURVEY AND
STUDY ON DONG SETTLEMENTS IN SOUTHEAST GUIZHOU /
周政旭等著 . -- 北京：中国建筑工业出版社，2025.5.
（贵州山地民族聚落研究丛书）. -- ISBN 978-7-112
-31158-3

Ⅰ. TU241.4

中国国家版本馆 CIP 数据核字第 2025K10W15 号

责任编辑：段　宁　张　明　刘文昕
责任校对：王　烨

贵州山地民族聚落研究丛书

Research Series on Mountainous Minorities Settlements in Guizhou

贵州黔东南地区侗族聚落调查研究

SURVEY AND STUDY ON DONG SETTLEMENTS IN SOUTHEAST GUIZHOU

周政旭　贾子玉　高梦瑶　等著

*

中国建筑工业出版社出版、发行（北京海淀三里河路9号）

各地新华书店、建筑书店经销

北京锋尚制版有限公司制版

北京中科印刷有限公司印刷

*

开本：787毫米×1092毫米　1/16　印张：17¾　字数：228千字

2025年5月第一版　2025年5月第一次印刷

定价：**168.00**元

ISBN 978-7-112-31158-3

（42338）

本书贡献者

测绘：周政旭　贾子玉　王　念　孙　甜　原雅迪　方　茗　李佳蕙　高梦瑶　黄婷婷
　　　蓝佩萱　庄　杭　徐　俊　汤大为　周子路
研究：周政旭　贾子玉　高梦瑶　徐荣芳　陈　耸　杨憬铭　钱　云　向　萱　张　玥　等

前　言

　　贵州位于中国西南，地处云贵高原东部，是全国唯一没有平原支撑的省份。全省平均海拔为1100m，山地与丘陵面积占全省面积的92.5%，是典型的"山地省"。同时，贵州是一个多民族聚居的省份，是最富于民族和地域特色的省份之一。数千年以来，各民族的祖先在这片土地定居与发展。由于地形富于变化、山川阻隔影响较大，加之历史等原因，形成了"大杂居、小聚居"的分布状态，并形成、发展和保留了特色民族和地域文化。时至今日，贵州省世代居住有汉、苗、侗、布依、仡佬等18个民族，各民族文化千姿百态，多元共生，共同构成中华民族共同体。

　　在此背景下，贵州形成了诸多丰富多彩的山地聚落。截至2023年，在住房和城乡建设部、文化和旅游部等多部门联合公布的6批共8155个中国传统村落名录中，贵州省有757个村落名列其中，约占全国的9.3%。而这757个村落，基本都是山地聚落的典型代表。此外，遍及全省还有为数众多、各具特色的山地聚落。它们植根当地，适应自然，巧妙地解决了人在山地严苛的生存压力之下的聚居问题，并且发育出各具特色的聚落人居环境，具有十分重要的历史价值、文化价值。同时，山地聚落特色的保护与发展，能够对当地人居改善、旅游发展起到积极作用，进而有效提高当地农民收入水平，是贵州这个典型贫困山区贫困空间治理的重要方面之一。

　　可惜的是，很多聚落的独特价值很少被外人所认识，甚至不为当地民众所理解。在城镇化、工业化、全球化的狂飙突进中，一些聚落正在受到极为严峻的外部与内部挑战，特色正在消失，"千村一面"的悲剧正在村庄重演。

　　出于深入挖掘山地民族聚落独特价值的考虑，在导师吴良镛先生以及清华大学诸位老师的指导与支持下，我在博士后阶段即开始对山地民族聚落形成与演变的历史过程系统展开研究，在民族志文本与聚落真实空间中发掘材料，从散见的线索出发，努力构建其历史图景。从源头出发，以筚路蓝缕营建家园的当地先民的视角，以期总结经验、提炼智慧，为今日之聚落发展、特色存续提供更多镜鉴。

在此过程中，我们也深深感到这些区域基础研究资料的匮乏。不仅历史资料欠缺，连当前聚落的空间资料亦极不完整。不过还好，从"田野"中亲手发掘一手材料尽管辛苦，却是一件让人兴奋的事情。于是，我们自2015年起开始进行系列田野调查，近年内每个夏天选择一处典型的民族聚居区域，以建筑学、人类学、社会学等多学科融合的视角，从区域、聚落、组团、建筑等多层次开展人居环境调查研究活动。每调研一个区域，则整理形成基础资料，并从多专题加以深入研究，以系统地梳理、提炼其价值。

在完成对"扁担山—白水河地区布依族聚落""黔中地区屯堡聚落""黔东南地区苗族聚落"的调查和研究之后，本书是我们第四次"田野"——黔东南地区侗族典型聚居区域的研究成果。上篇主要是对该地区及10余个典型聚落的调研测绘。下篇则是针对聚落分布特征及其影响因素，聚落人居营建过程、格局与机制，聚落形态演变及环境适应性，公共空间特征及文化表达，民居营建，文化遗产特征与价值等方面的专题研究。

本书是"贵州山地民族聚落研究丛书"的第五本。本系列研究基于清华大学建筑与城市研究所、贵州省住房和城乡建设厅合作搭建的"贵州省'四在农家·美丽乡村'人居环境整治示范项目"平台。研究受国家重点研发计划课题（2020YFD1100705）的资助。

目　录

专题照片

下篇　专题研究

第1章　聚落分布特征及其影响因素

第2章　聚落人居营建过程、格局与机制

上篇／调研测绘

都柳江流域

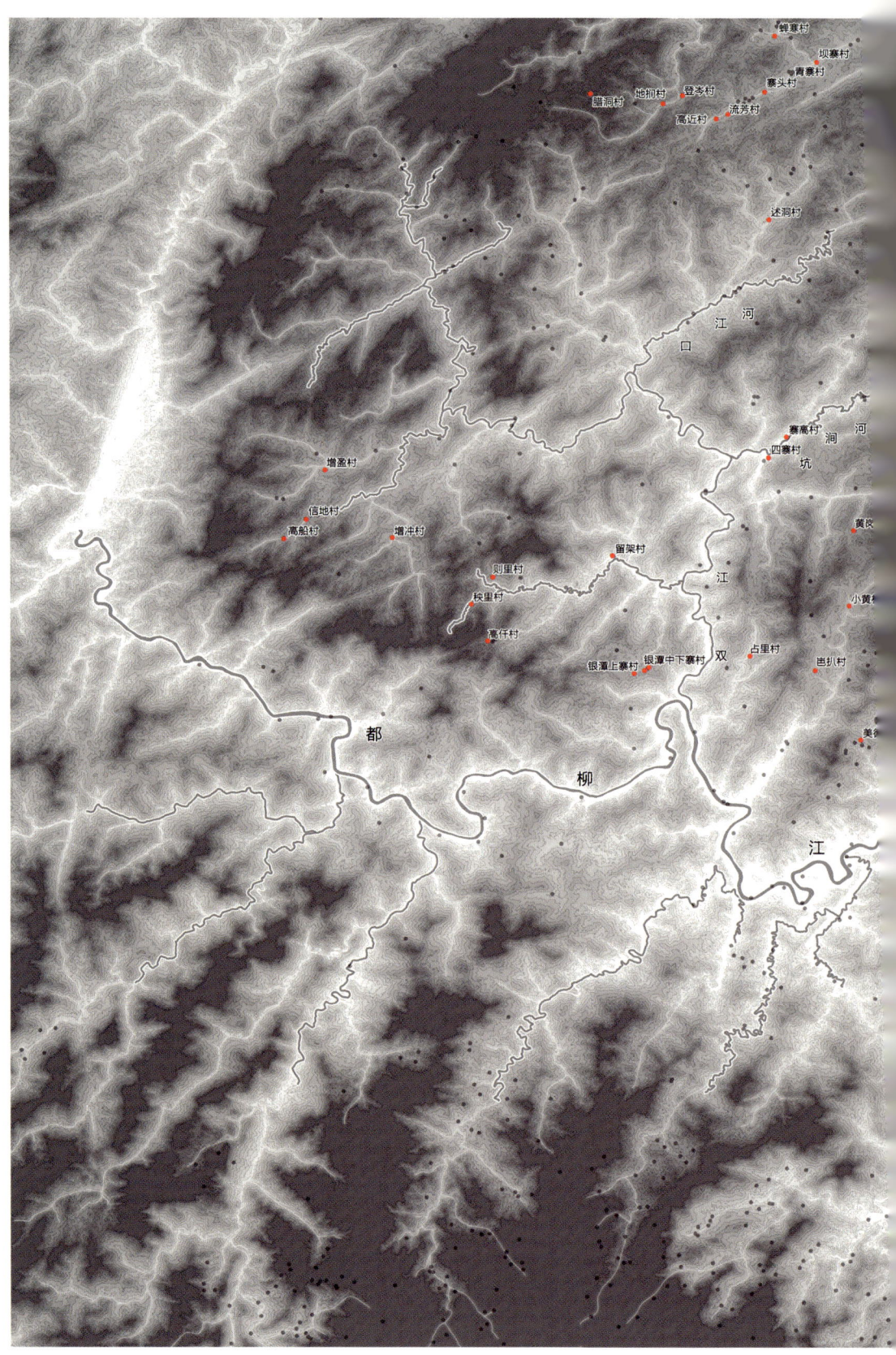

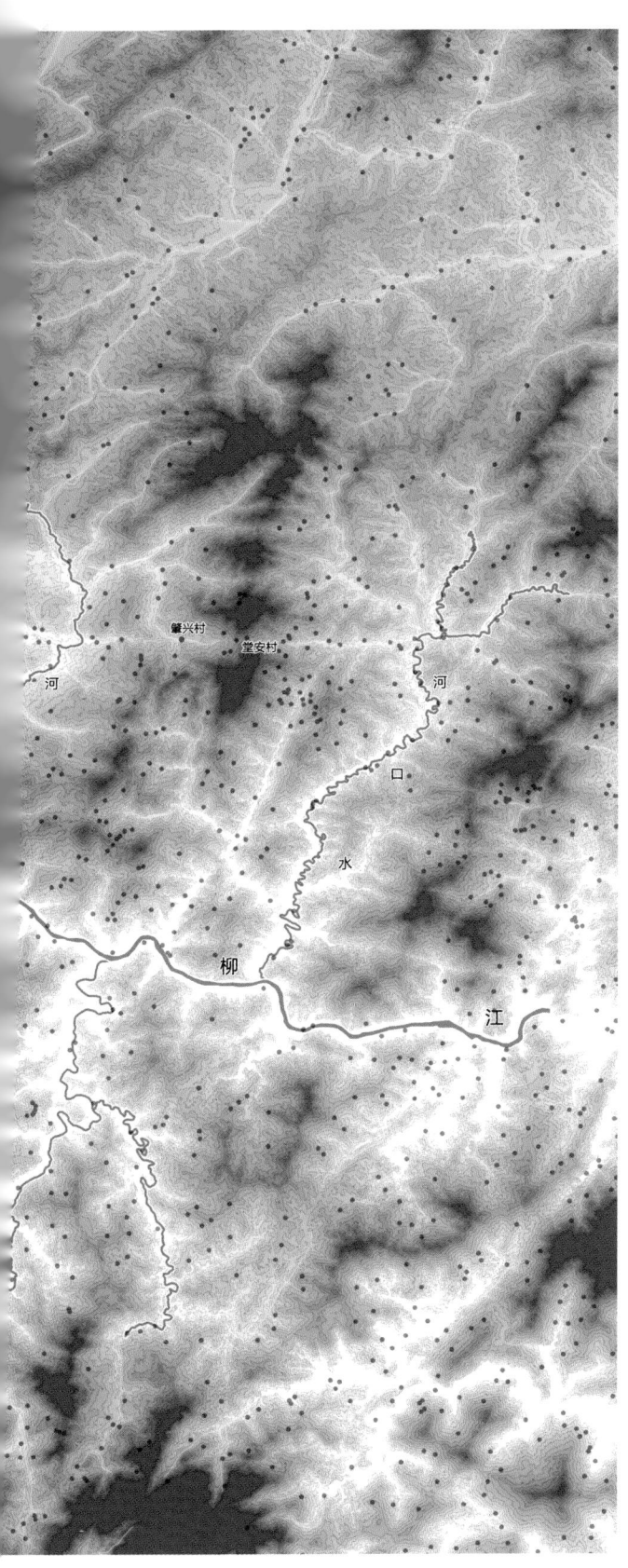

河

肇兴村
堂安村

河

口

水

柳

江

黔东南都柳江流域侗族聚落分布图

高增河谷及周边

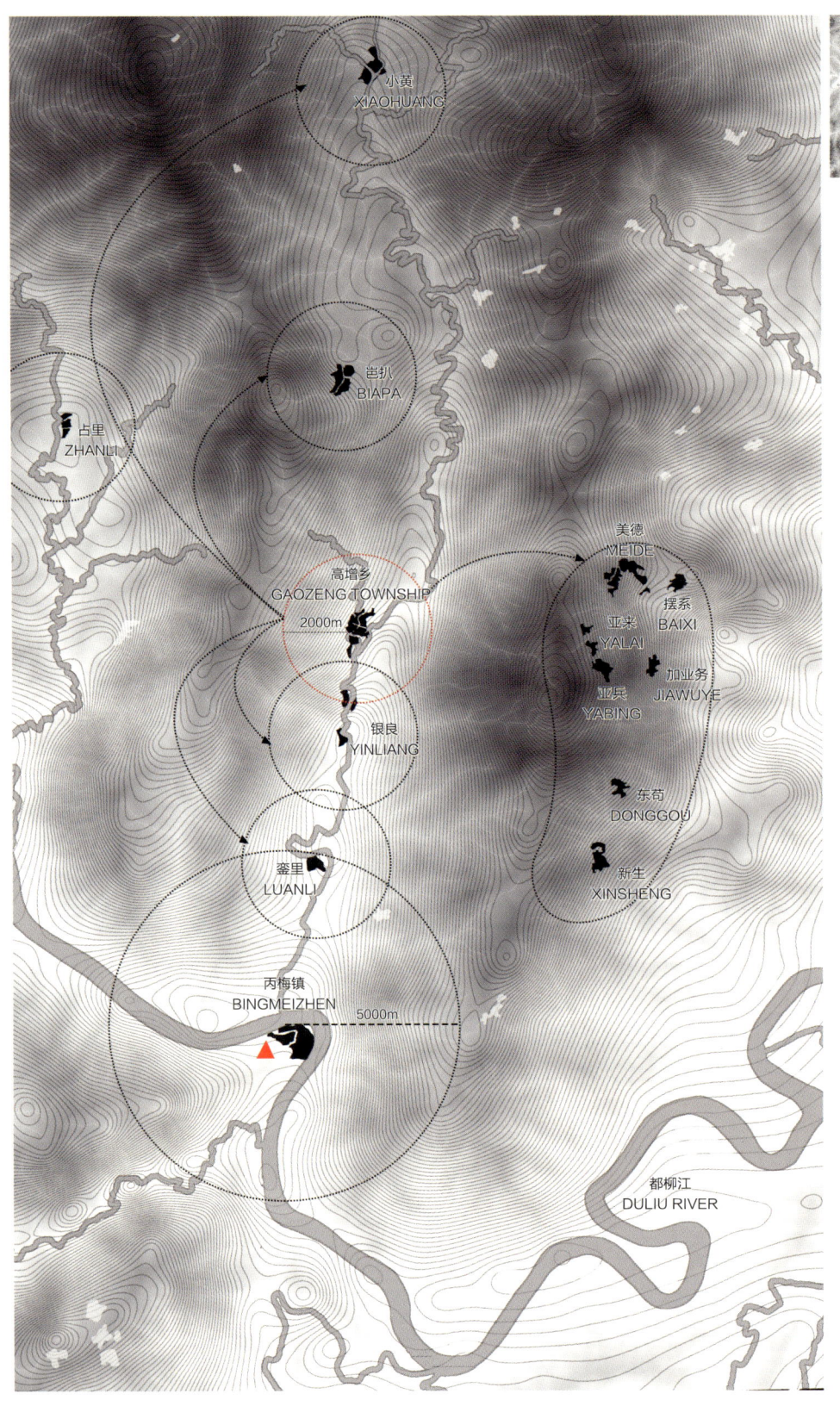

高增河谷侗族聚落分布图

天鹅山全景航拍

美德　　亚来　　得甲　　亚兵　　民主

天鹅山侗族聚落群

芑扒

Biapa Village

区位：贵州省从江县高增乡

海拔：约598m

坐标：北纬108.9°，东经25.5°

村庄（传统核心区）面积：11.2hm²

民族：侗族

人口：约1240人

Location: Gaozeng Town, Congjiang County, Guizhou Province

Altitude: c. 598m

Coordinate: N108.9°, E25.5°

Village (Historical Core) Area: 11.2hm²

Nationality: Dong

Population: c. 1240

芭扒

寨门

禾仓群

岩寨萨坛

岩寨鼓楼

坪寨鼓楼

坪寨萨坛

风雨桥

寨门

图例

● 鼓楼

● 萨坛

— 风雨桥

— 寨门

坪寨鼓楼

岩寨鼓楼

风雨桥

禾仓群

牛棚

戏台

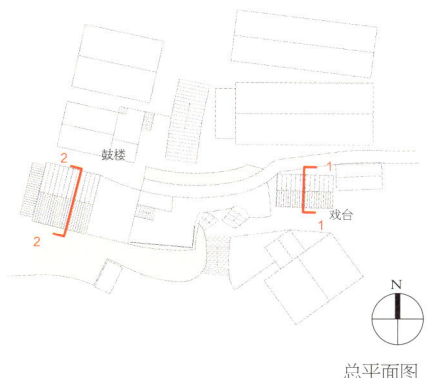

鼓楼

戏台

总平面图

N

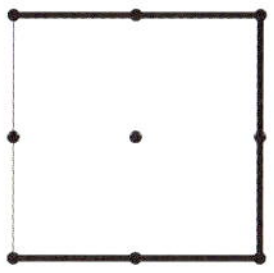

戏台一层平面图 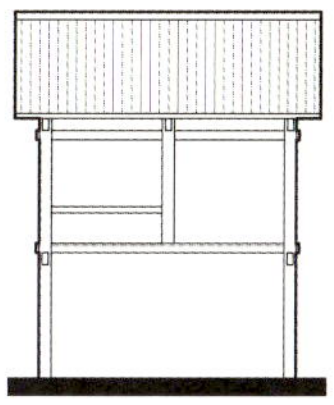　　　　　　戏台南立面图 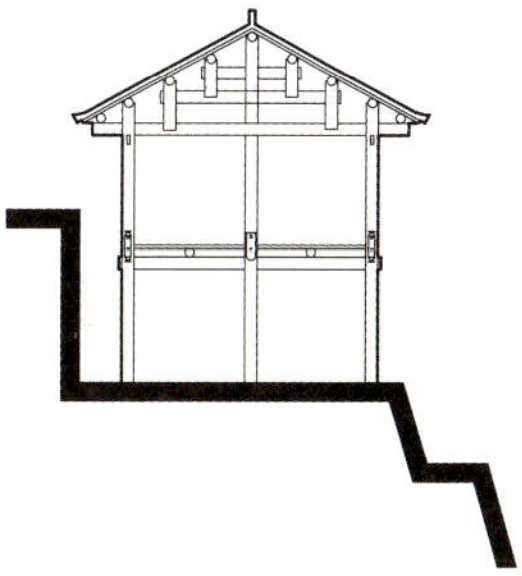　　　　　　1-1剖面图

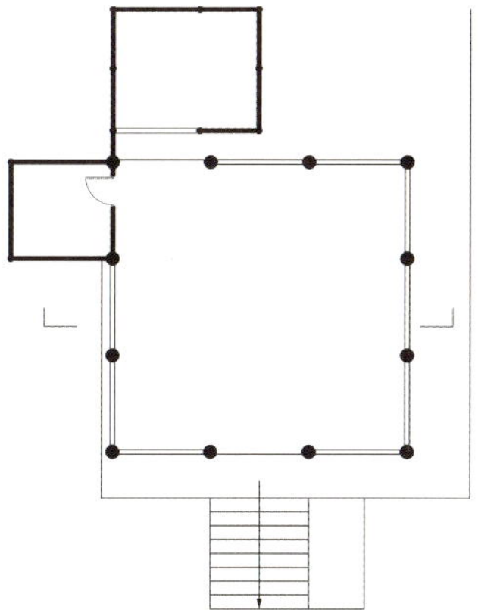

鼓楼一层平面图 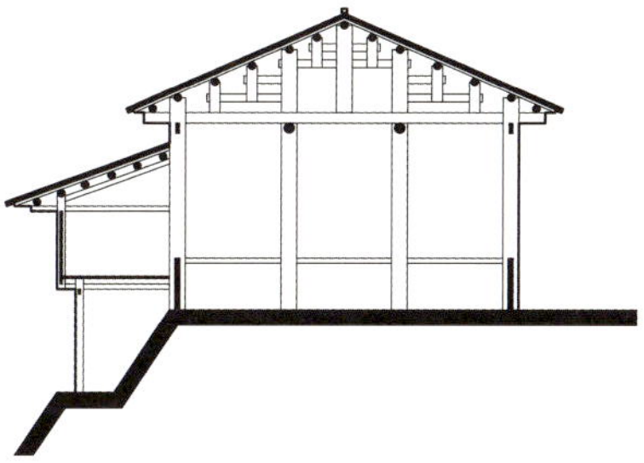　　　　　　2-2剖面图 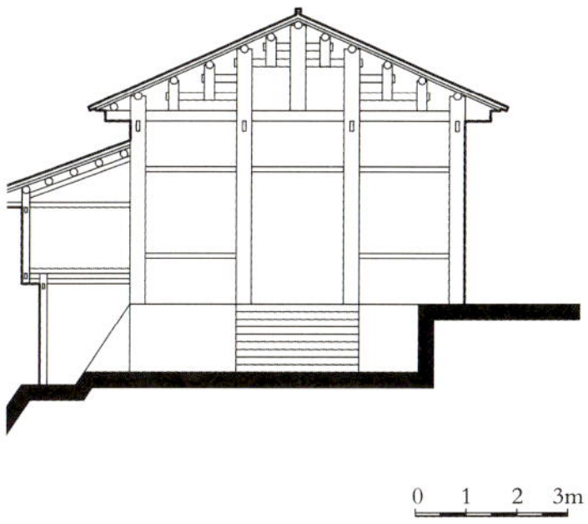　　　　　　鼓楼东立面图

0　1　2　3m

岜扒　岩寨鼓楼

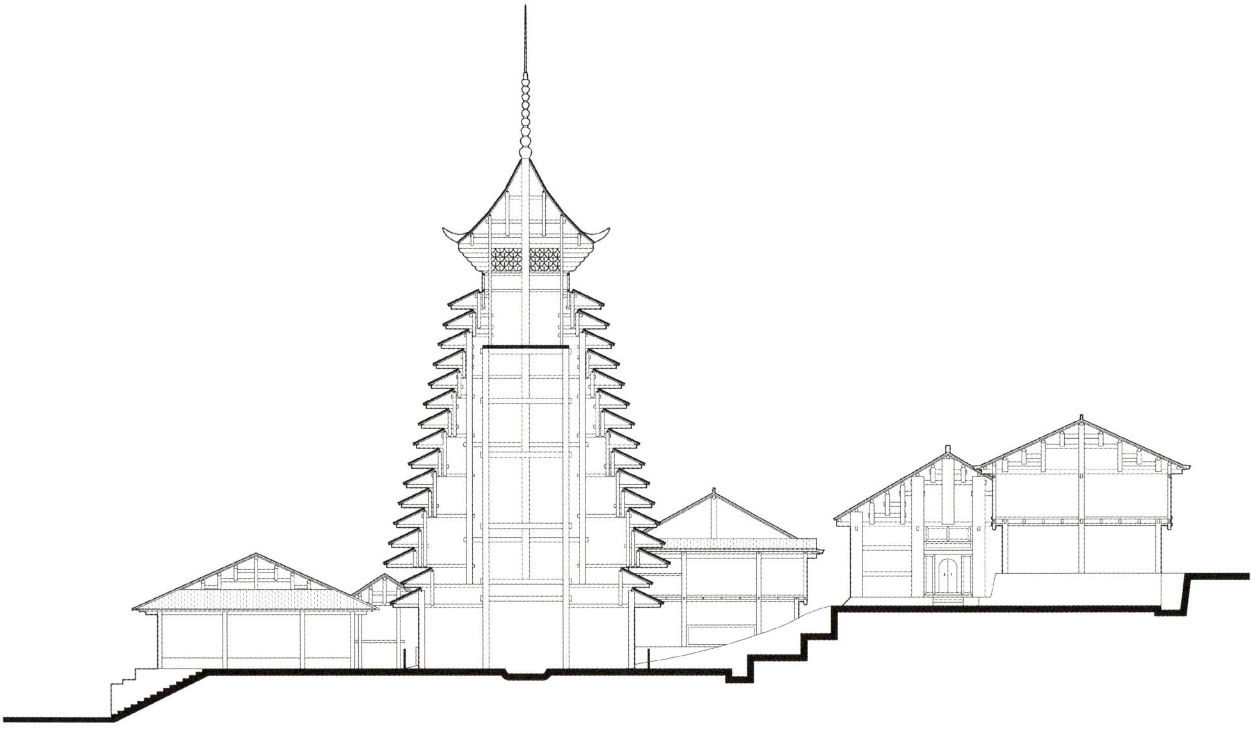

1-1剖面图

0　1　2　3m

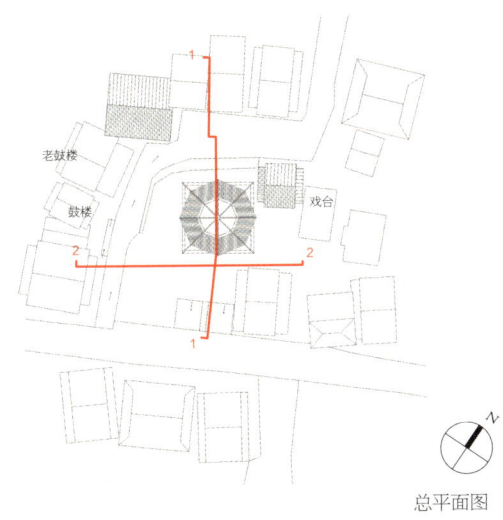

老鼓楼

鼓楼

戏台

总平面图

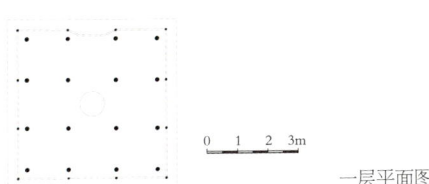

0 1 2 3m

一层平面图

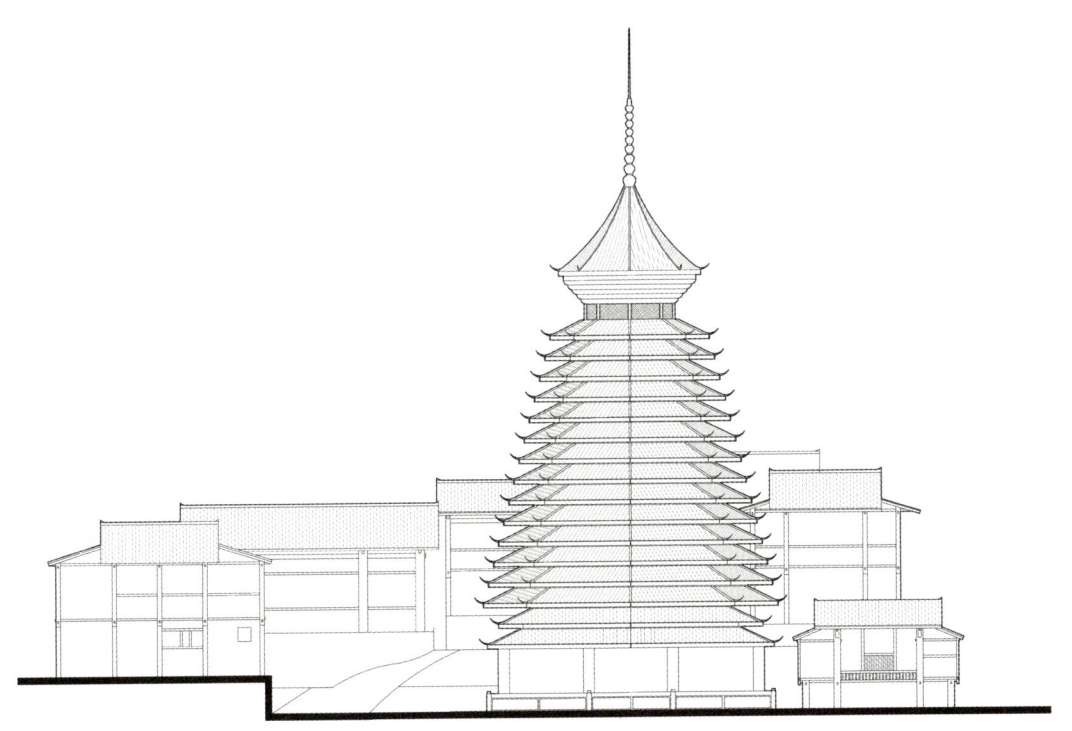

0 1 2 3m

2-2立面图

岜扒 坪寨鼓楼

占地面积 | 约138m²
建筑面积 | 约304m²
建筑层数 | 2层

走廊

厕所　厨房　餐厅　卧室　客厅　餐厅　厕所　厨房

一层平面图

正立面图

粮仓　储物　卧室　卧室　卧室
　　　卧室　　　卧室　卧室
阳台

二层平面图

N

总平面图

侧立面图

1-1剖面图

0 1 2　　4m

芭扒　王留贵宅

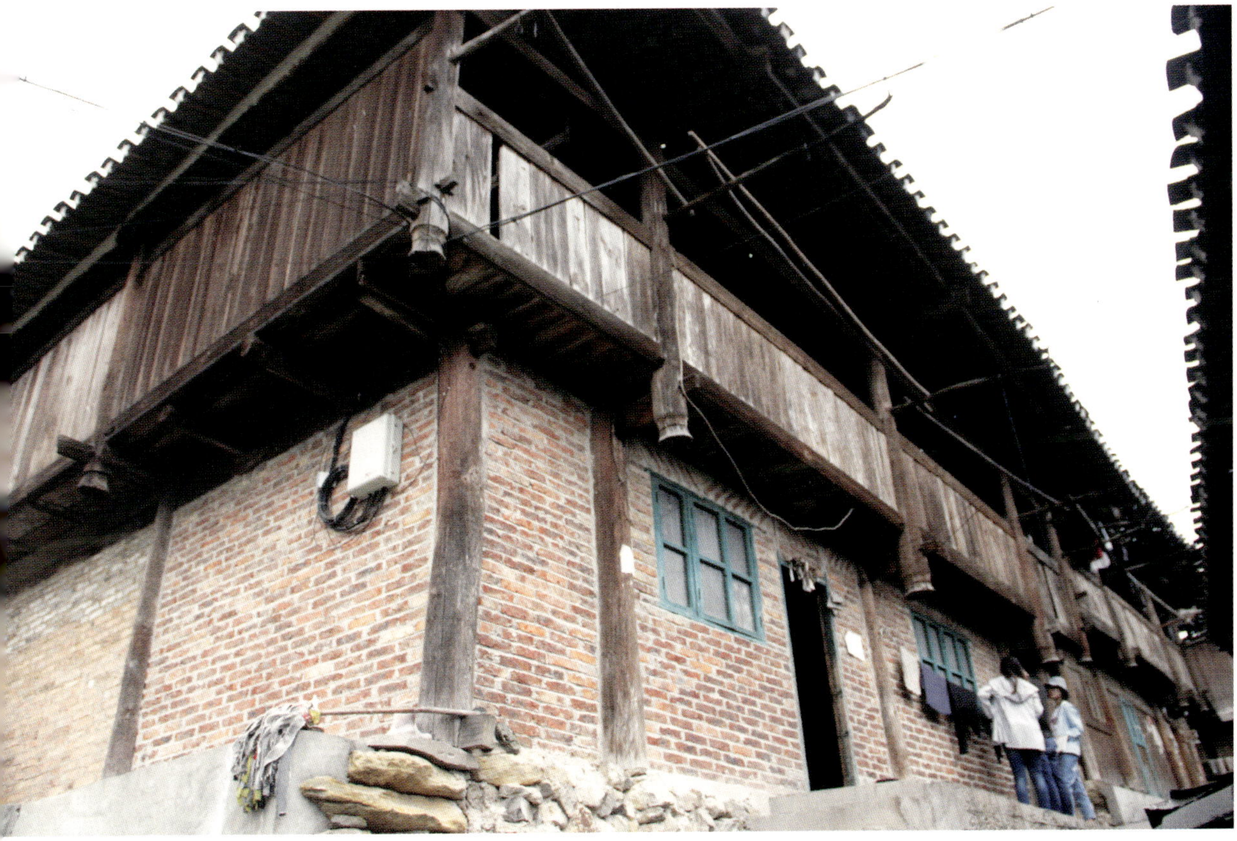

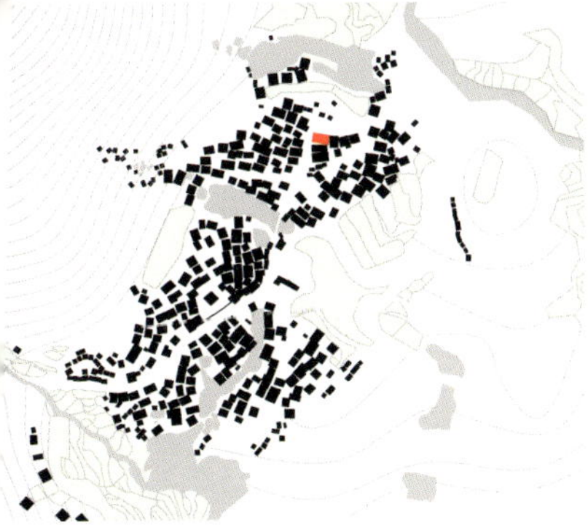

占地面积｜约87m²
建筑面积｜约185m²
建筑层数｜2层

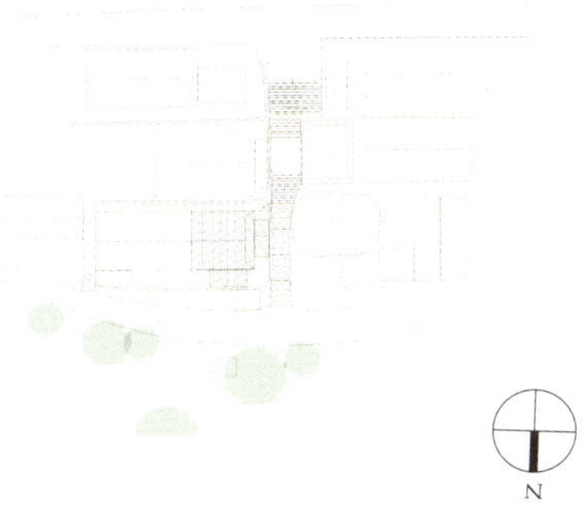
N

总平面图

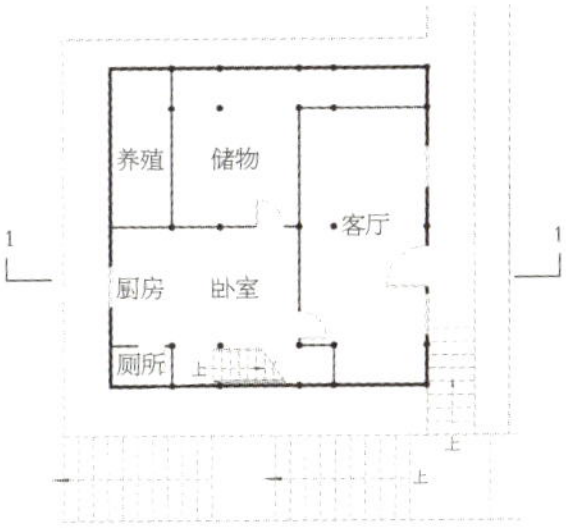
养殖
储物
客厅
厨房
卧室
厕所
上
1
1

一层平面图

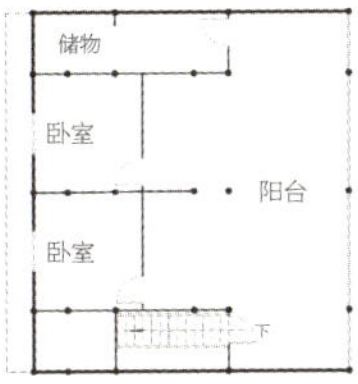
储物
卧室
阳台
卧室
下

二层平面图

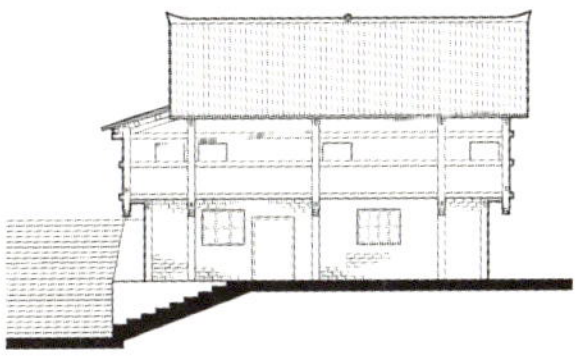

正立面图

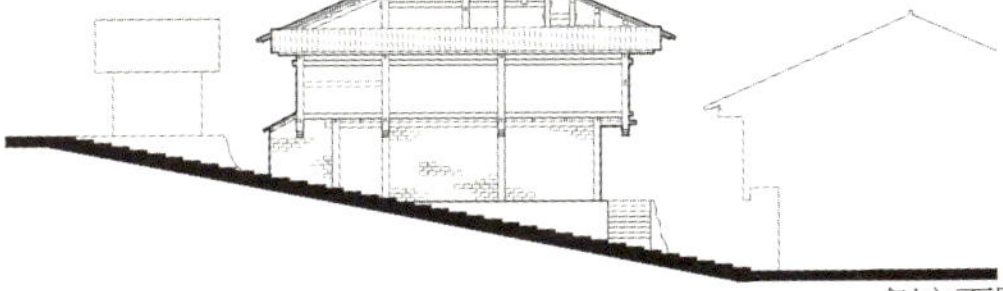

侧立面图

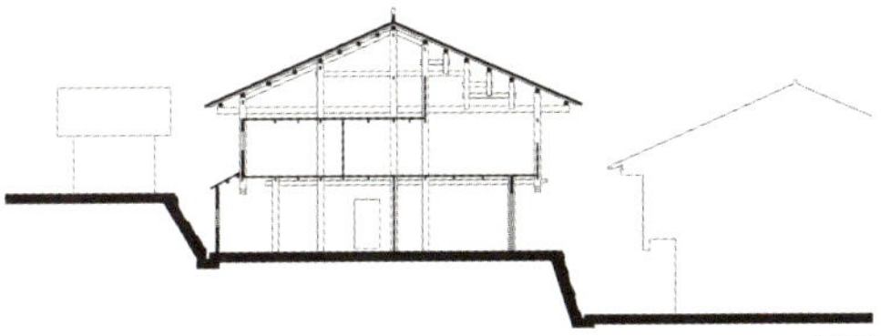

1-1剖面图

0 1 2 4m

岜扒　石体华宅

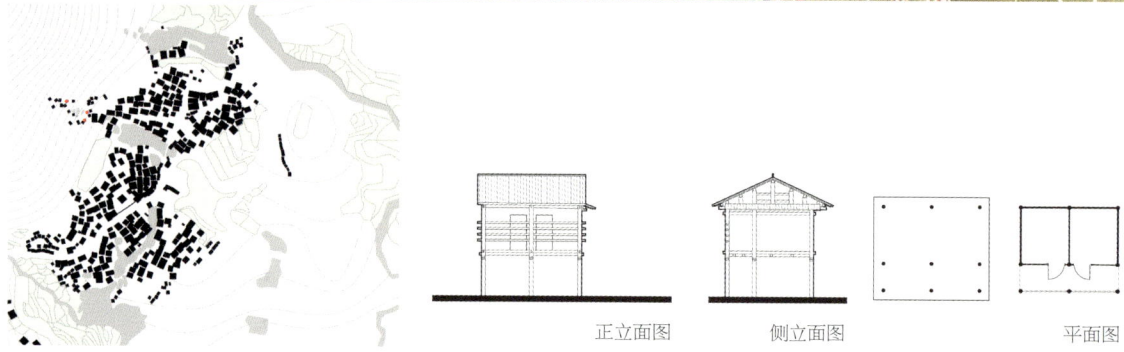

占地面积 | 约40m²
建筑面积 | 约40m²
建筑层数 | 1层

正立面图　　　　　　侧立面图　　　　　　　　　　　　　平面图

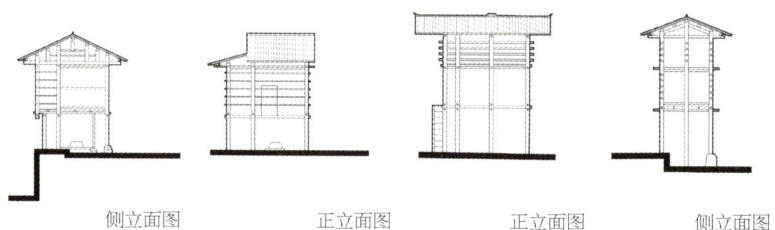

侧立面图　　　　　　正立面图　　　　　　正立面图　　　　　　侧立面图

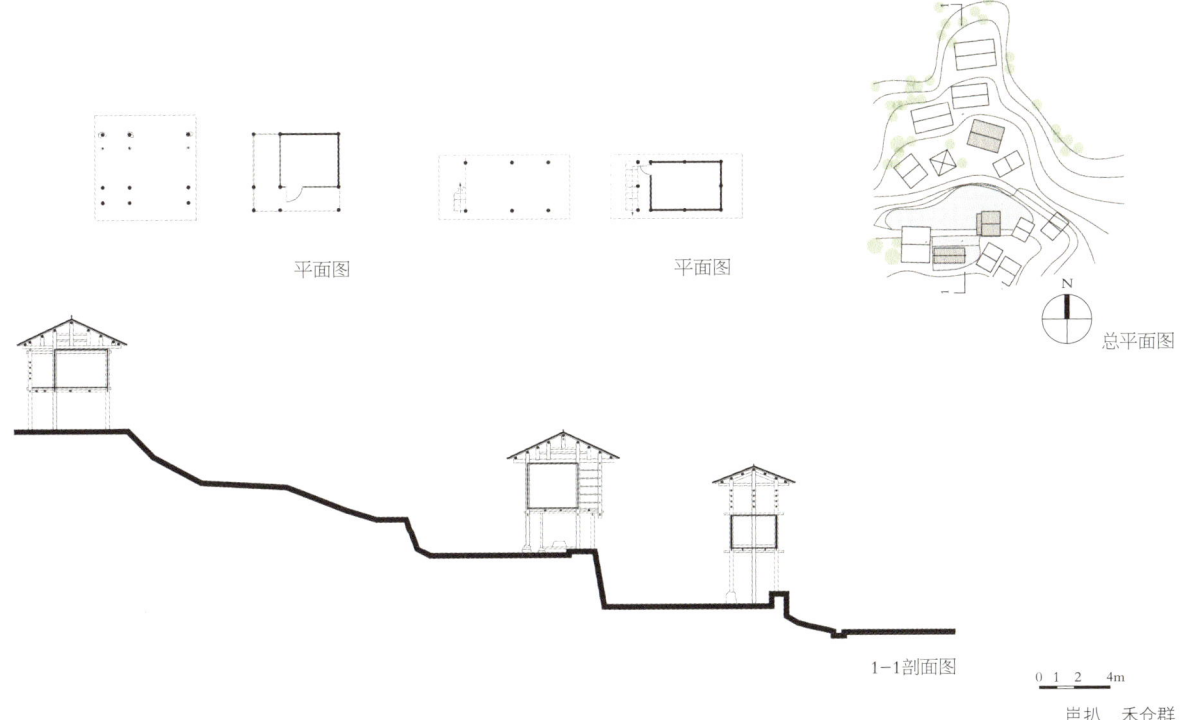

平面图　　　　　平面图

总平面图

1-1剖面图

0 1 2 4m

岜扒　禾仓群

占里

Zhanli Village

区位：贵州省从江县高增乡

海拔：约400m

坐标：北纬25.8°，东经108.8°

村庄（传统核心区）面积：12.63hm^2

民族：侗族

人口：约800人

Location: Gaozeng Town, Congjiang County, Guizhou Province

Altitude: c. 400m

Coordinate: N25.8°, E108.8°

Village (Historical Core) Area: 12.63hm^2

Nationality: Dong

Population: c. 800

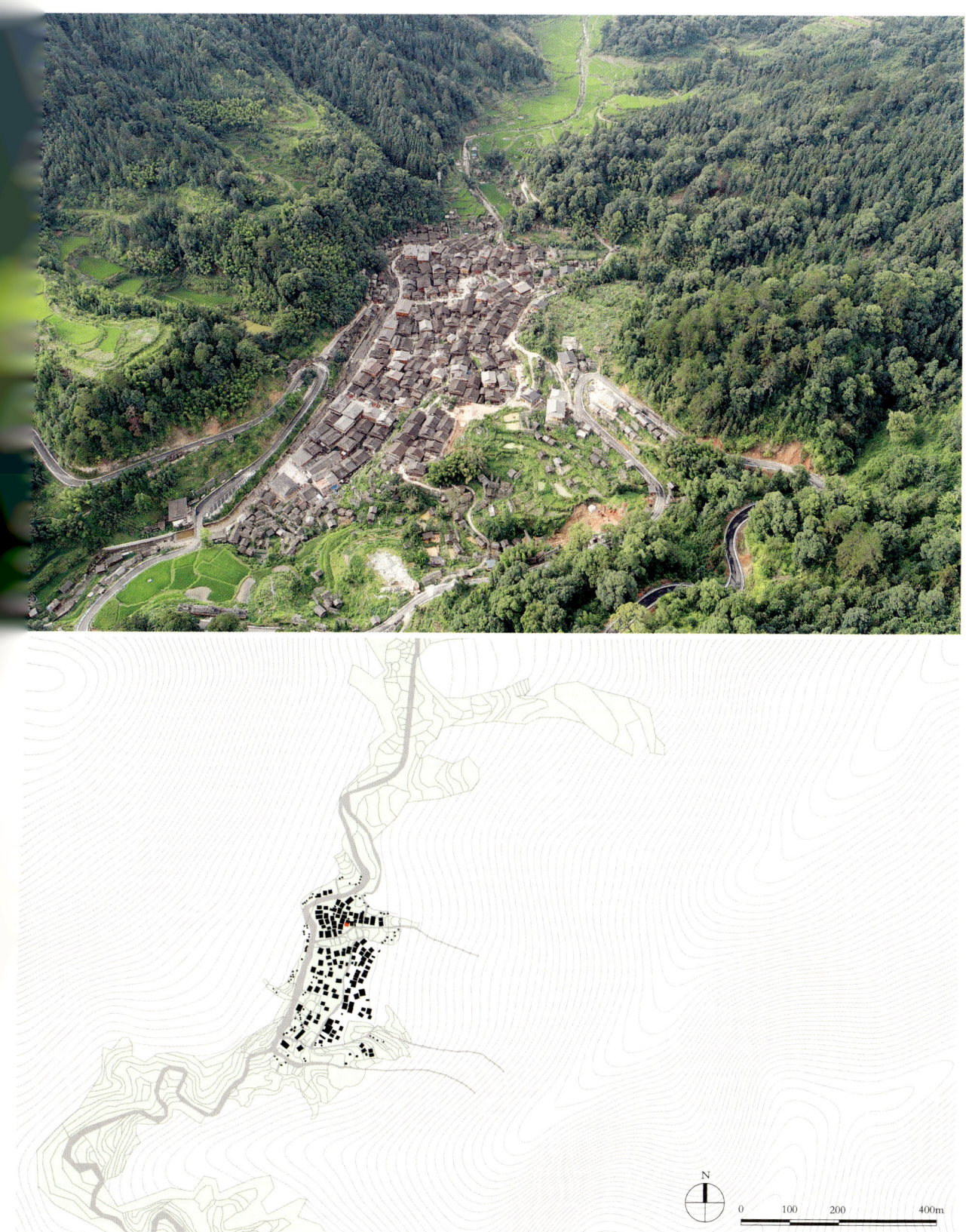

占里

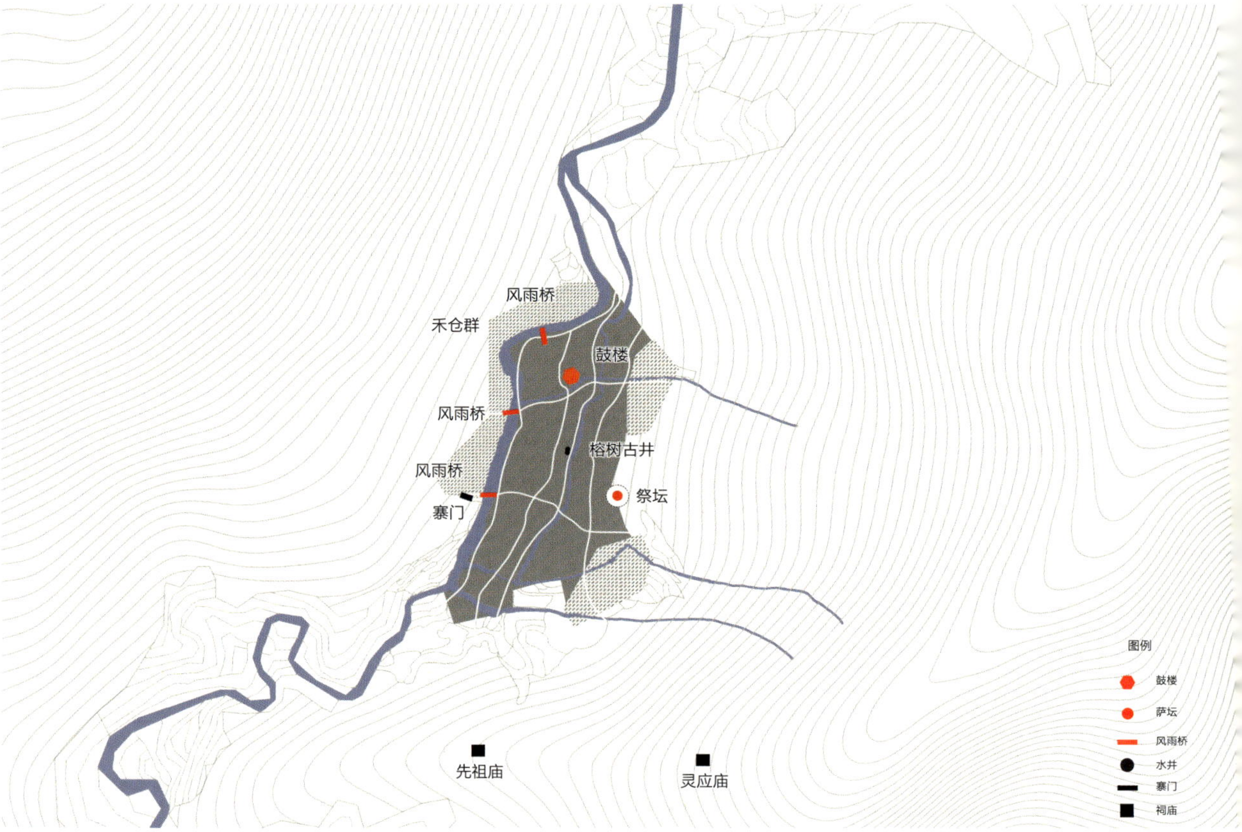

风雨桥

禾仓群

鼓楼

风雨桥

榕树古井

风雨桥

祭坛

寨门

图例

● 鼓楼
● 萨坛
— 风雨桥
● 水井
— 寨门
■ 祠庙

先祖庙

灵应庙

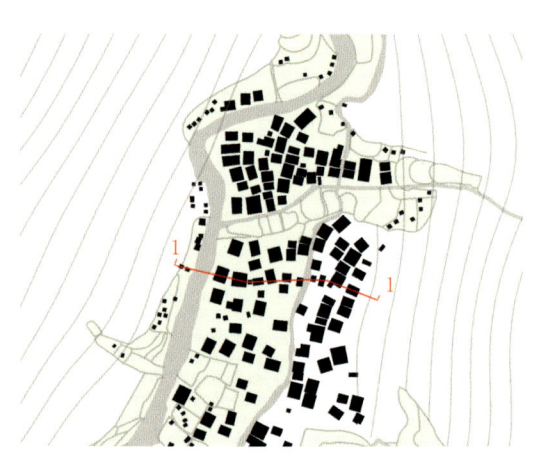

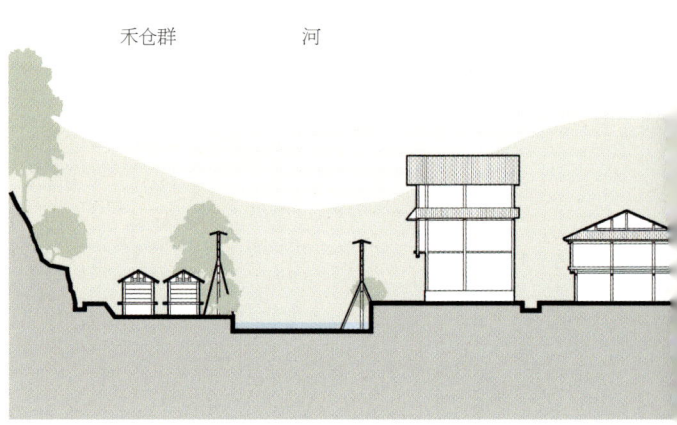

禾仓群　　　　河

鼓楼 　　　　　河 　　　　　风雨桥

河 　　　河 　　　　榕树古井

灵应庙 　　　田　　　　路

占里剖面图

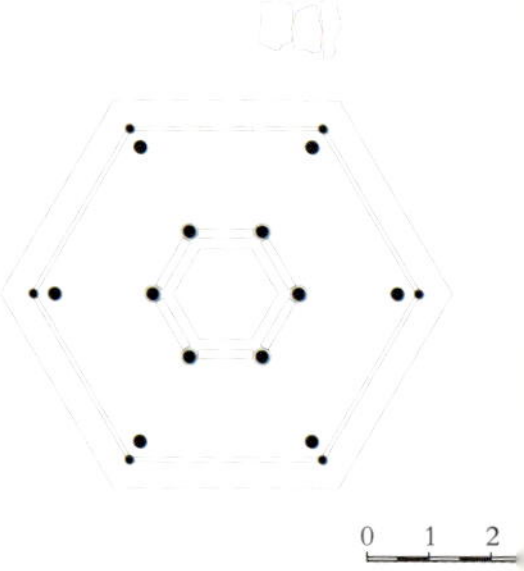

总平面图

戏台　　　　　　　　　　　　　鼓楼　　　　　　　　　　　　　水池

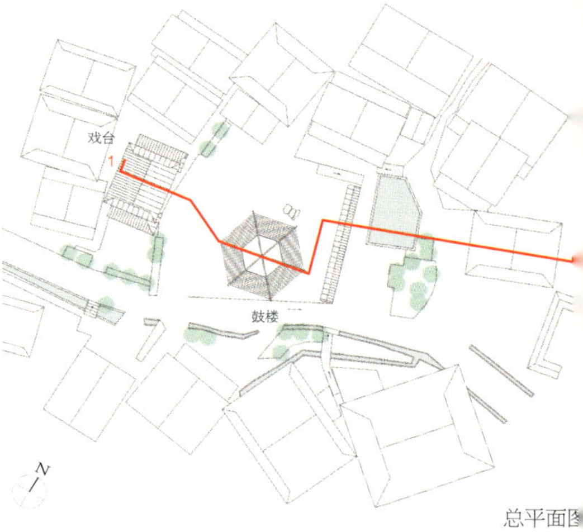

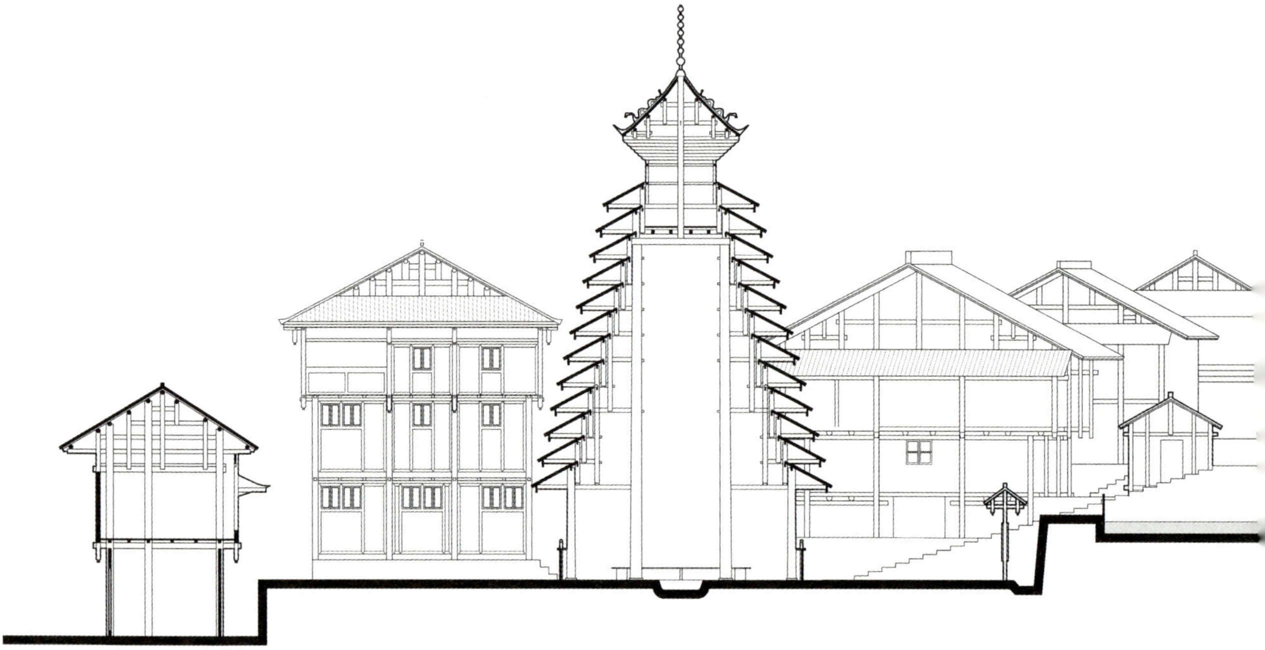

0 1 2 3m

1-1剖面图

占里 鼓楼

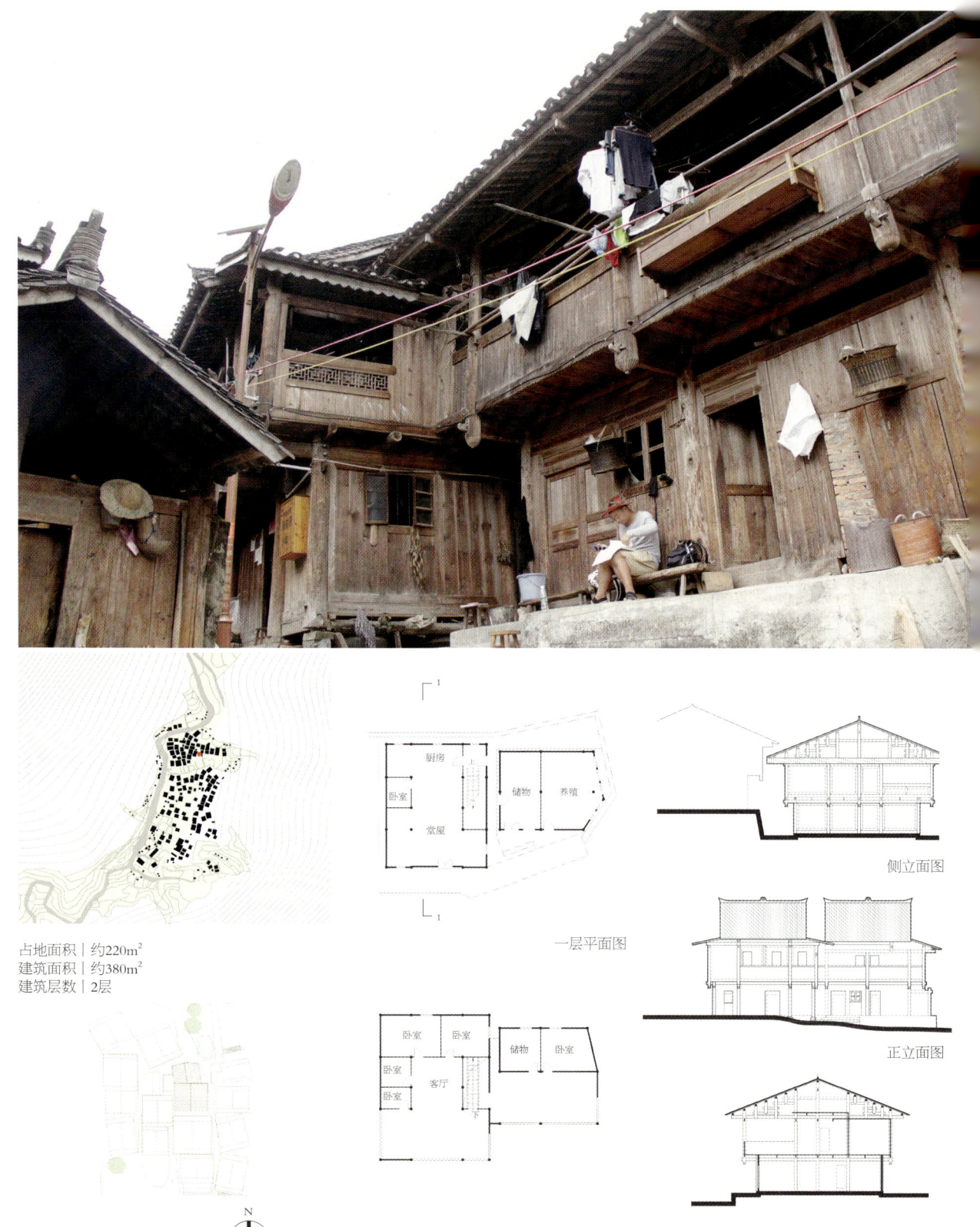

占地面积 | 约220m²
建筑面积 | 约380m²
建筑层数 | 2层

厨房

卧室

储物   养殖

堂屋

一层平面图

侧立面图

卧室   卧室

卧室   储物   卧室

卧室   客厅

二层平面图

正立面图

1—1剖面图

0 1 2   4m

占里 吴老替宅

N

总平面图

占地面积｜约138m²
建筑面积｜约327m²
建筑层数｜2层

储物
储物
客厅
客厅
储物
厨房
储物
厨房

一层平面图

卧室
卧室
起居室
起居室
储物
卧室
储物
卧室
卧室
卧室
卧室

二层平面图

总平面图

N

正立面图

侧立面图

1-1剖面图

0 1 2 4m

占里 吴再光宅

银潭上寨

Yintanshang Village

区位：贵州省从江县谷坪乡

海拔：约650m

坐标：北纬25.8°，东经108.8°

村庄（传统核心区）面积：5hm²

民族：侗族

人口：约1000人

Location: Guping Town, Congjiang County, Guizhou Province

Altitude: c. 650m

Coordinate: N25.8°, E108.8°

Village (Historical Core) Area: 5hm²

Nationality: Dong

Population: c. 1000

银潭上寨

银潭中下寨

Yintanzhongxia Village

区位：贵州省从江县谷坪乡

海拔：约630m

坐标：北纬25.8°，东经108.8°

村庄（传统核心区）面积：22.13hm²

民族：侗族

人口：约2116人

Location: Guping Town, Congjiang County, Guizhou Province

Altitude: c. 630m

Coordinate: N25.8°, E108.8°

Village (Historical Core) Area: 22.13hm²

Nationality: Dong

Population: c. 2116

银潭中下寨

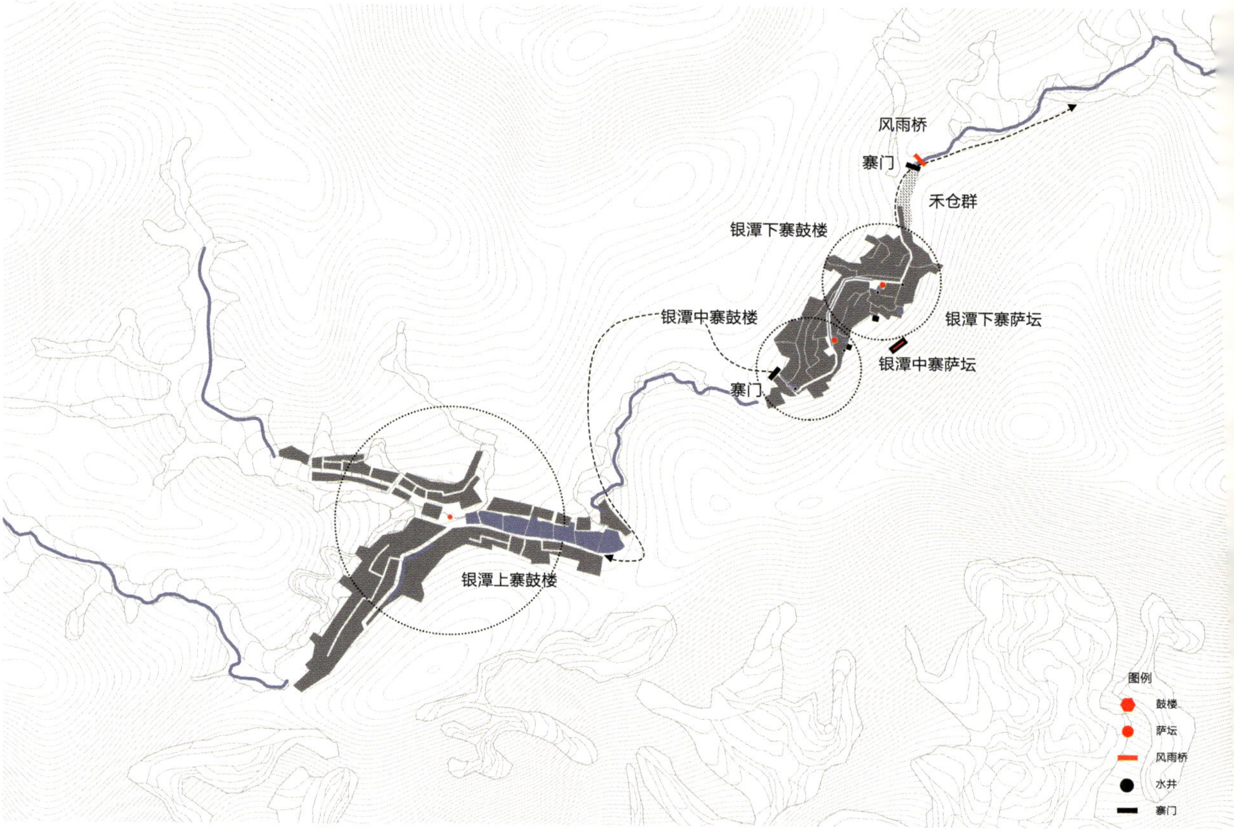

风雨桥

寨门

禾仓群

银潭下寨鼓楼

银潭中寨鼓楼

银潭下寨萨坛

银潭中寨萨坛

寨门

银潭上寨鼓楼

图例

● 鼓楼
● 萨坛
━ 风雨桥
● 水井
━ 寨门

银潭中寨鼓楼

中寨鼓楼 　　下寨风雨桥 　　禾仓

下寨鼓楼 　　中寨萨坛 　　下寨水寨　　水井 　　禾晾

中寨风雨桥 　　下寨寨门 　　中寨寨门

银潭下寨鼓楼

0	10	20		40m

银潭剖面图

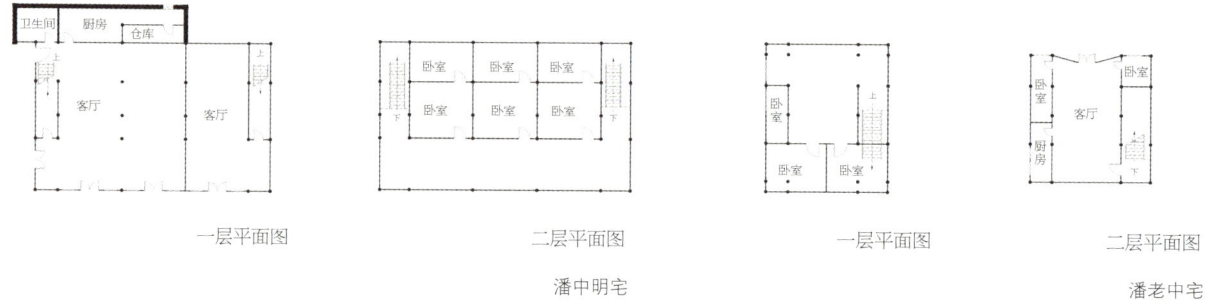

一层平面图　　　　　二层平面图　　　　　一层平面图　　　　　二层平面图

潘中明宅　　　　　　　　　　　　　　　　　潘老中宅

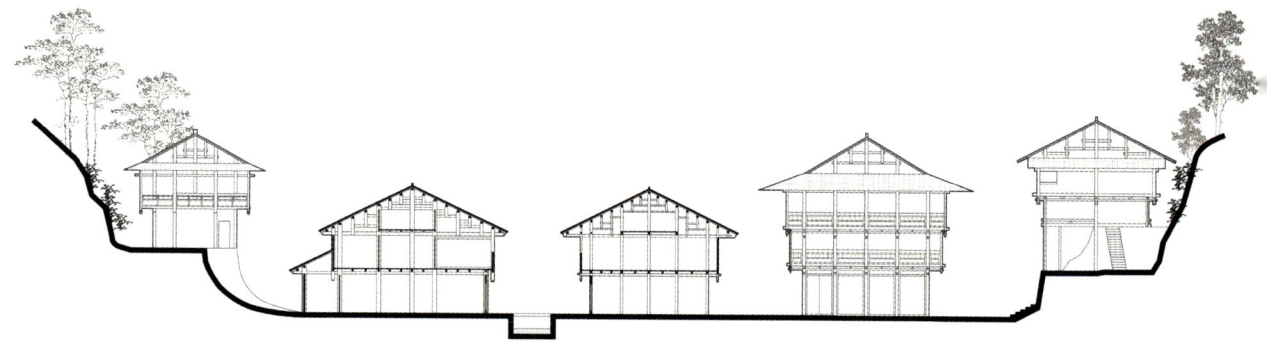

0　1　2　3m

街道纵剖面图

银潭下寨

留架河谷

高仟

Gaoqian Village

区位：贵州省从江县下江镇

海拔：约800m

坐标：北纬25.3°，东经108.2°

村庄（传统核心区）面积：22.55hm²

民族：侗族

人口：约1527人

Location: Xiajiang Town, Congjiang County, Guizhou Province

Altitude: c. 800m

Coordinate: N25.3°, E108.2°

Village (Historical Core) Area: 22.55hm²

Nationality: Dong

Population: c. 1527

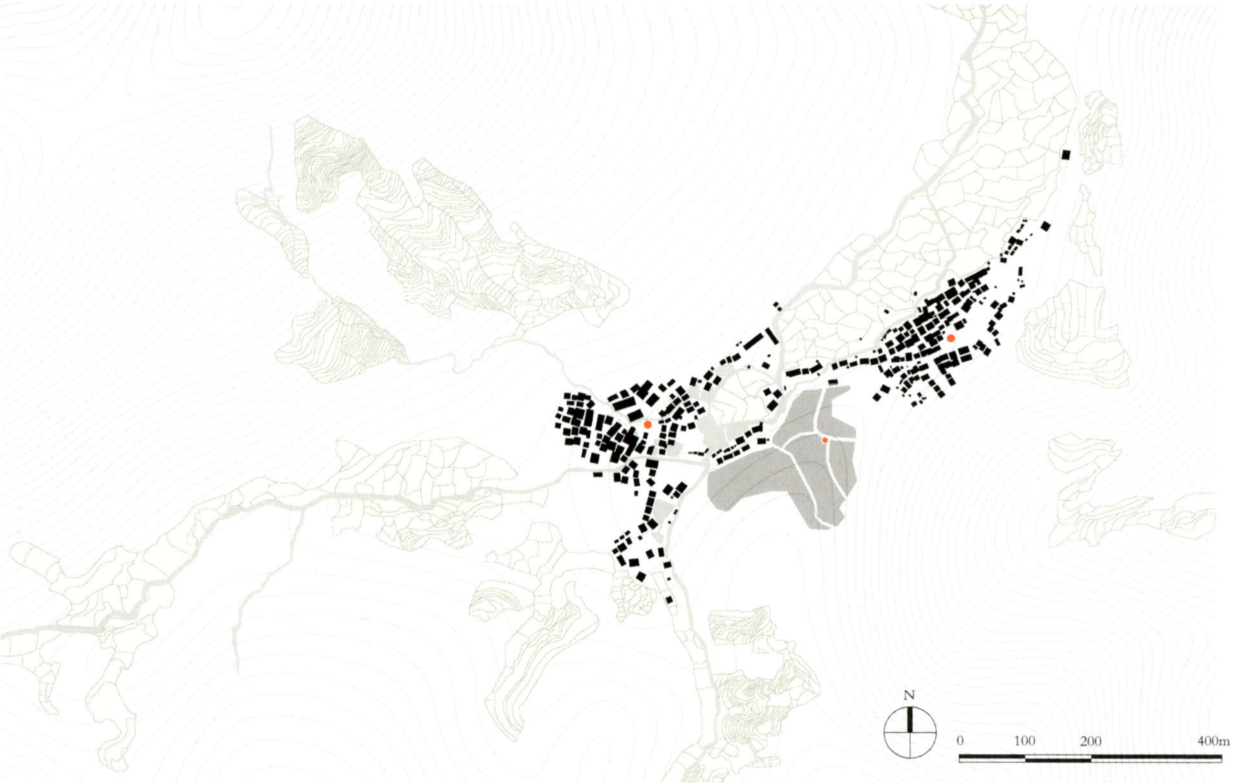

高仟

风雨桥

寨门

宰养鼓楼

宰俄鼓楼

图例

● 鼓楼
● 萨坛
— 风雨桥
— 寨门

宰俄鼓楼

宰养鼓楼

寨门

风雨桥

井

禾晾

禾仓

留架

Liujia Village

区位：贵州省从江县谷坪乡

海拔：约280m

坐标：北纬25.9°，东经108.8°

村庄（传统核心区）面积：19.7hm²

民族：侗族

人口：约1100人

Location: Guping Town, Congjiang County, Guizhou Province

Altitude: c. 280m

Coordinate: N25.9°, E108.8°

Village (Historical Core) Area: 19.7hm²

Nationality: Dong

Population: c. 1100

留架

禾仓群

萨坛

鼓楼

坟山林

风雨桥

萨坛

图例

鼓楼
萨坛
风雨桥
寨门

田

风雨桥

土地庙

河

禾仓

鼓楼

占地面积｜约220m²
建筑面积｜约380m²
建筑层数｜2层

剖面图

正立面图

留架　风雨桥

占地面积｜约90m²
建筑面积｜约192m²
建筑层数｜2层

一层平面图

二层平面图

总平面图

正立面图

侧立面图

1-1剖面图

0 1 2 4m

留架 吴宅

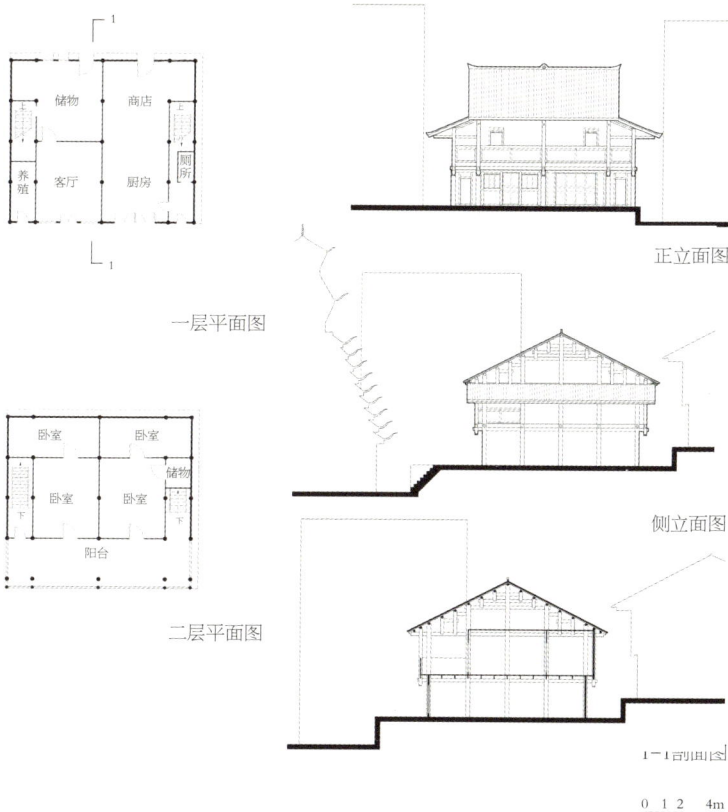

占地面积｜约104m²
建筑面积｜约213m²
建筑层数｜2层

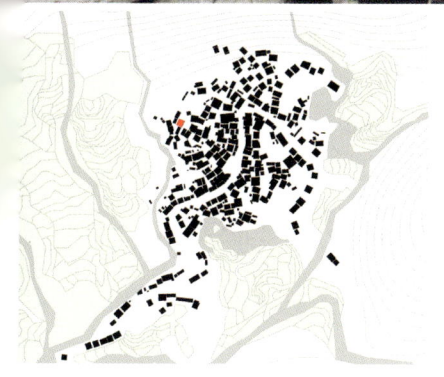

储物　　　商店

养殖　　客厅　厨房　厕所

一层平面图

正立面图

卧室　　　卧室

卧室　　卧室　储物

阳台

二层平面图

侧立面图

1—1剖面图

0　1　2　　4m

N

总平面图

留架　吴老文宅

信地河谷及周边

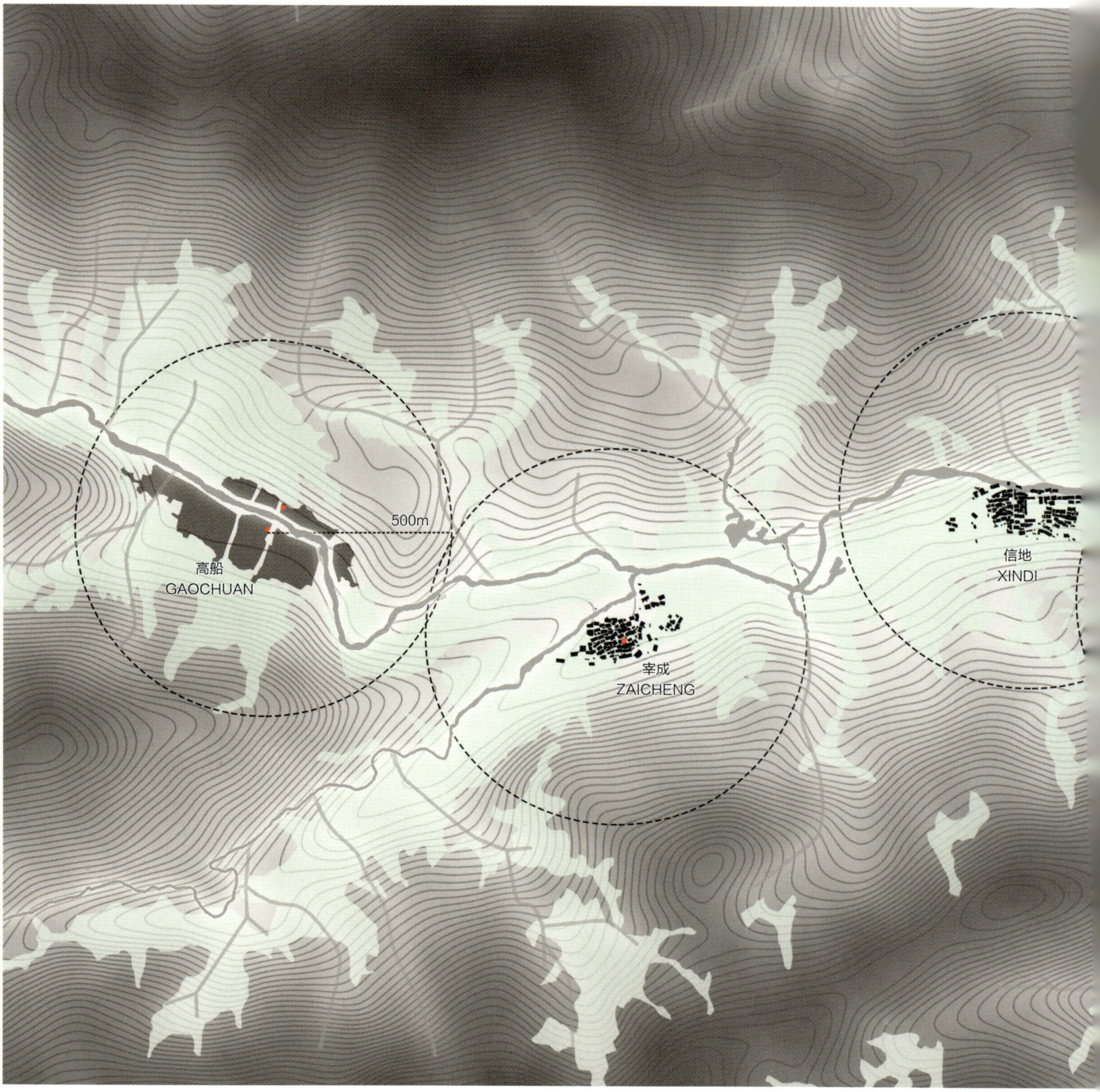

500m

高船
GAOCHUAN

宰成
ZAICHENG

信地
XINDI

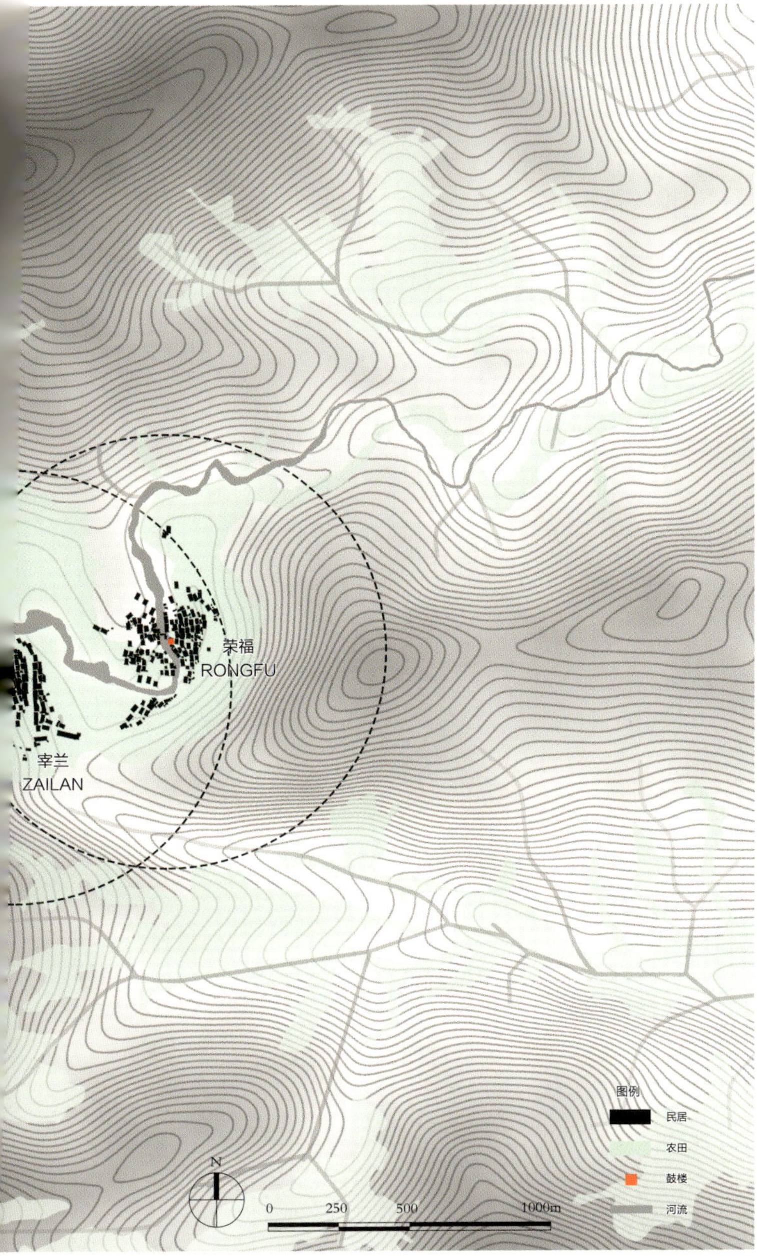
荣福
RONGFU
宰兰
ZAILAN
图例
民居
农田
鼓楼
河流
N
0
250
500
1000m

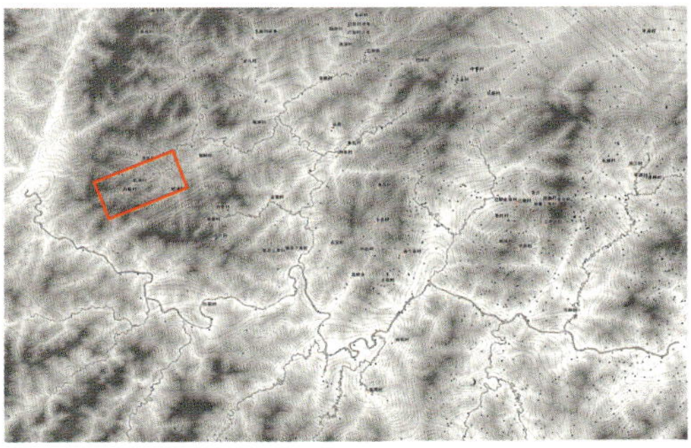

信地河谷侗族聚落分布

高船
宰成
信地
宰兰
荣福

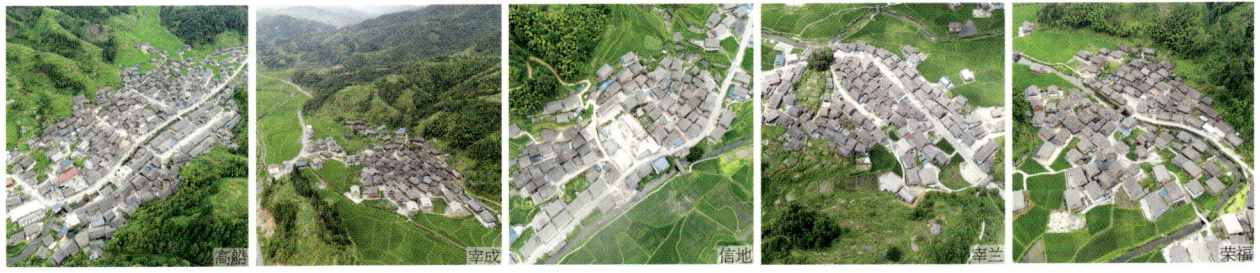

信地河谷聚落群

增冲

Zengchong Village

区位：贵州省从江县往洞乡

海拔：约644m

坐标：北纬25.8°，东经108.7°

村庄（传统核心区）面积：5.54hm²

民族：侗族

人口：约1190人

Location: Wangdong Town, Congjiang County, Guizhou Province

Altitude: c. 644m

Coordinate: N25.8°, E108.7°

Village (Historical Core) Area: 5.54hm²

Nationality: Dong

Population: c. 1190

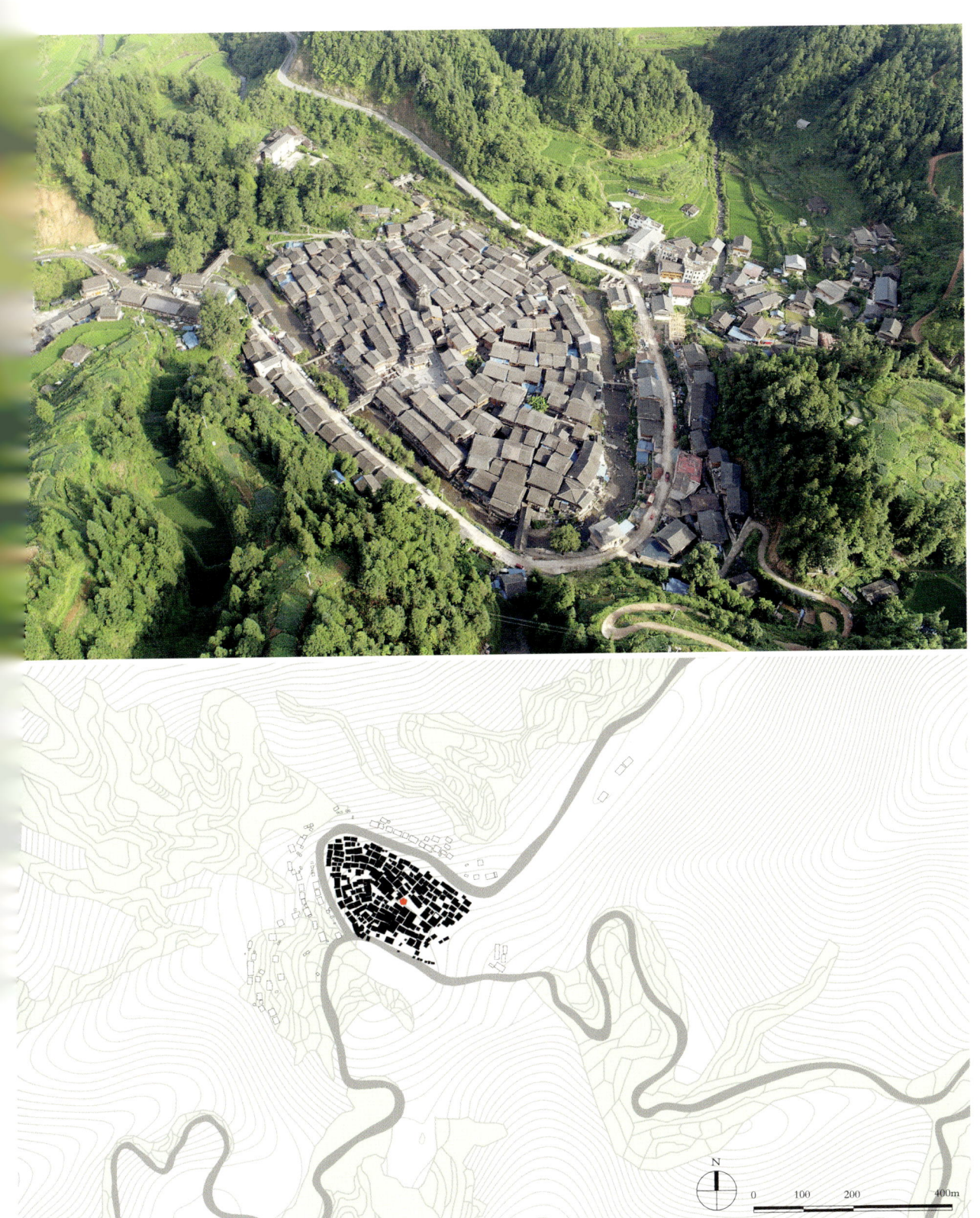

増冲

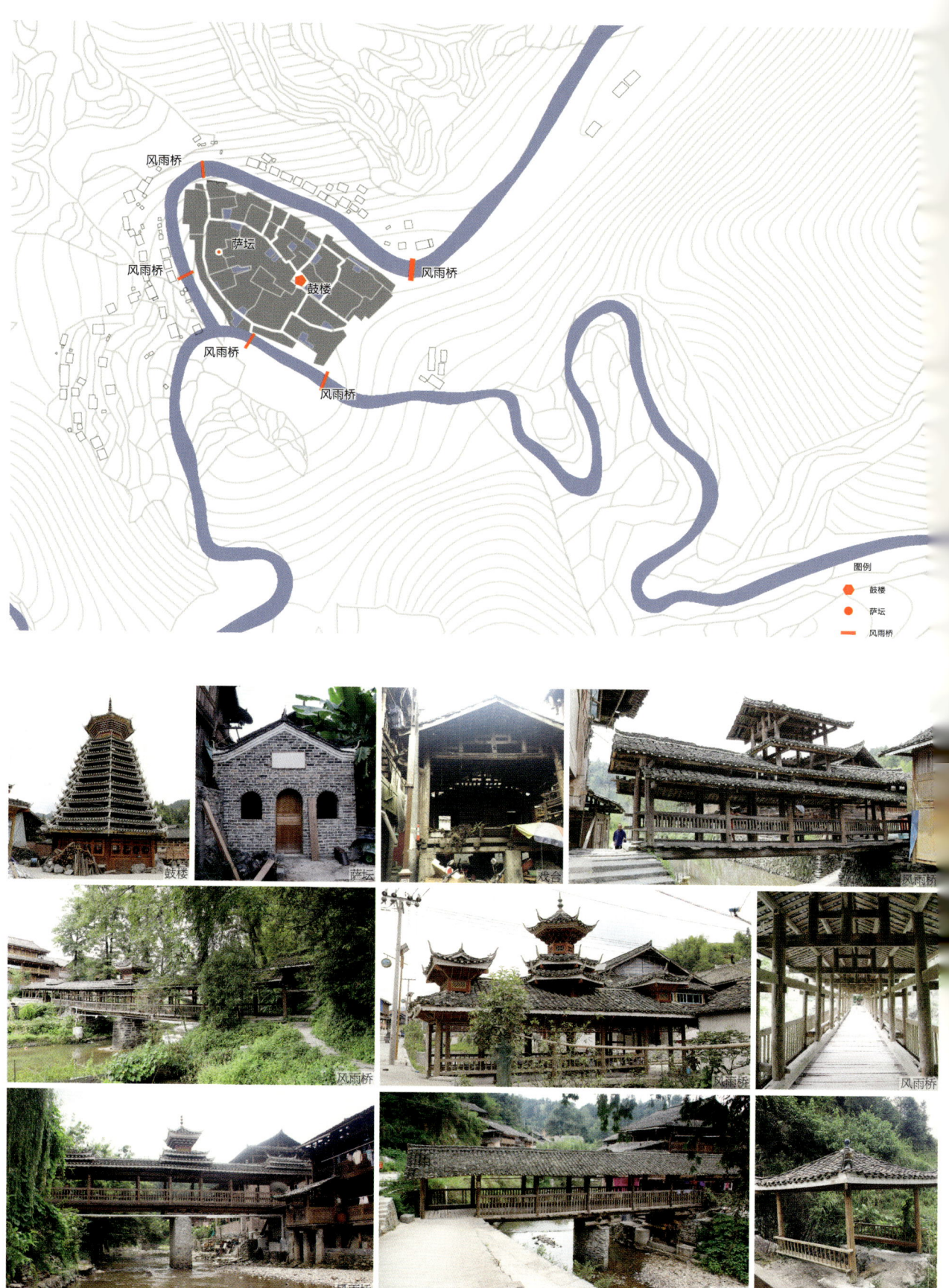

风雨桥

风雨桥　鼓楼

萨坛

风雨桥

风雨桥

图例
鼓楼
萨坛
风雨桥

鼓楼　　萨坛　　戏台　　风雨桥

风雨桥　　风雨桥　　风雨桥

风雨桥　　风雨桥　　水井

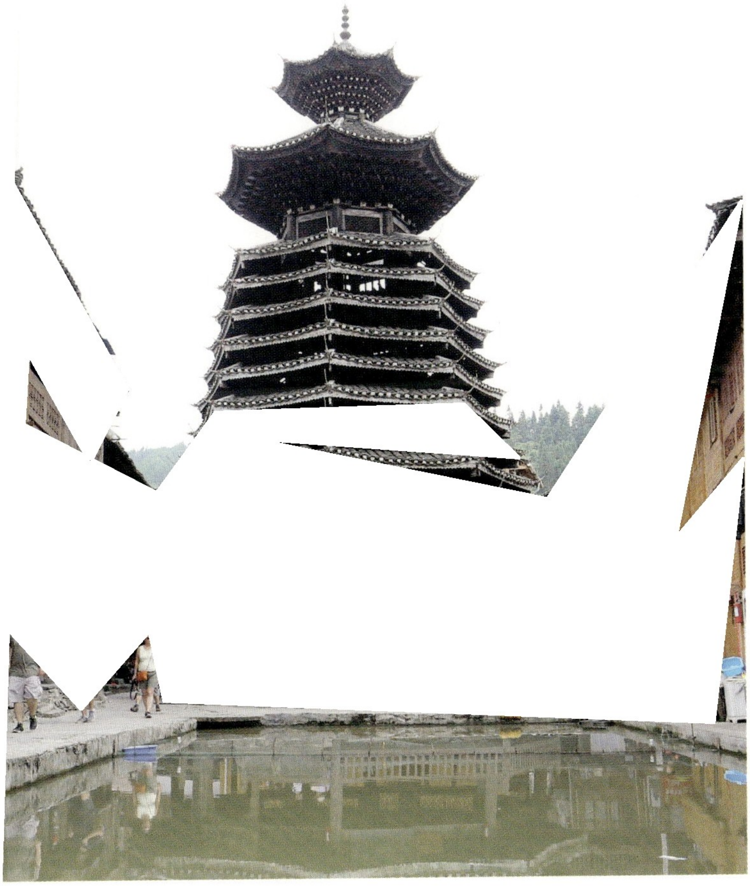

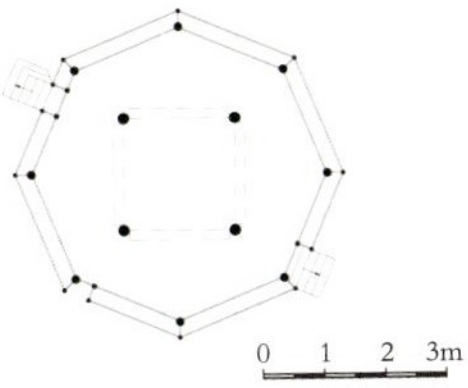
0 1 2 3m

一层平面图

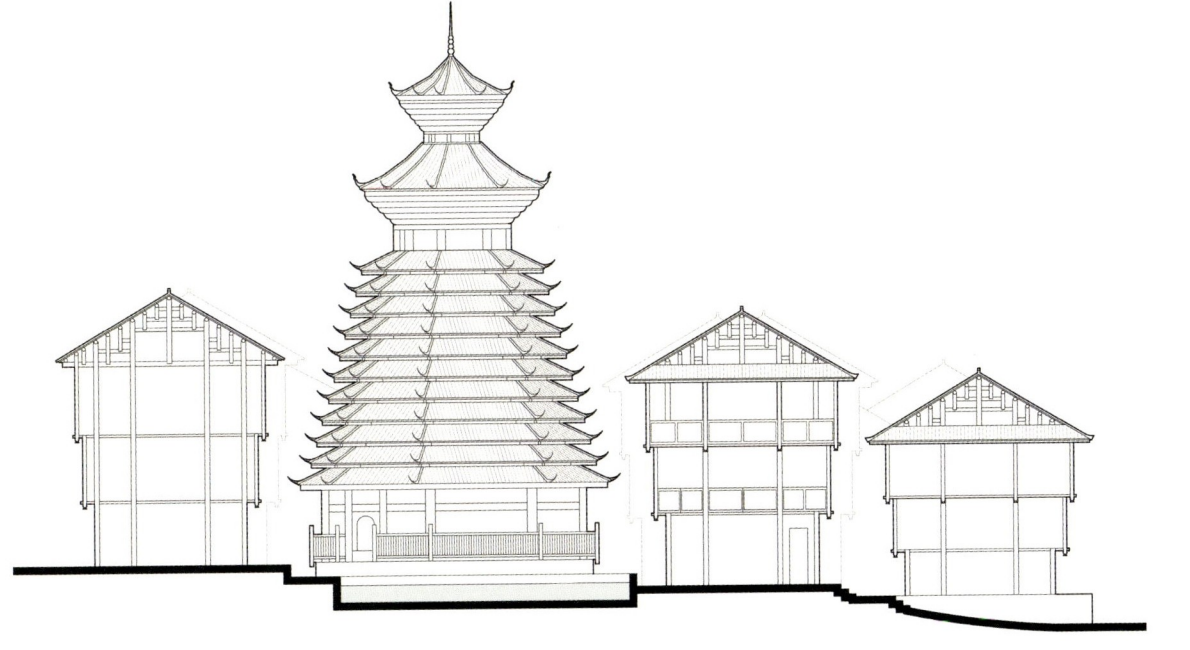

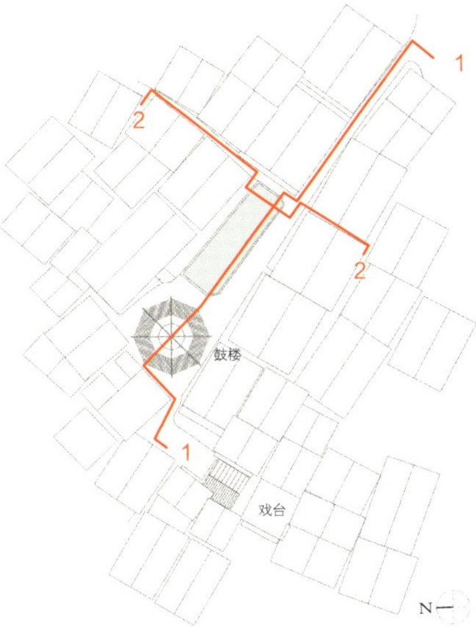
1
2
2
鼓楼
1
戏台
N

总平面图

0 1 2 3m

2–2剖面图

增冲　鼓楼

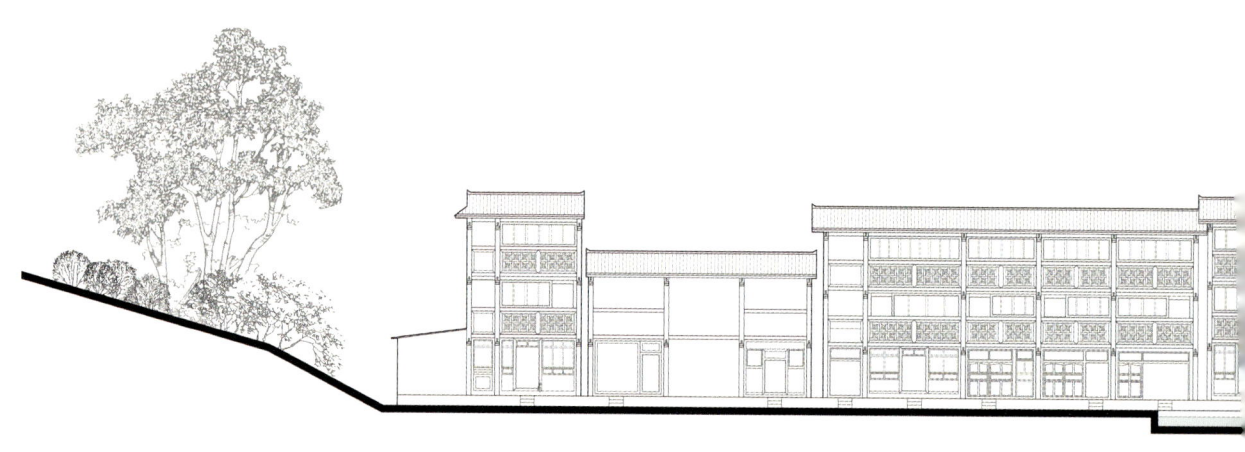

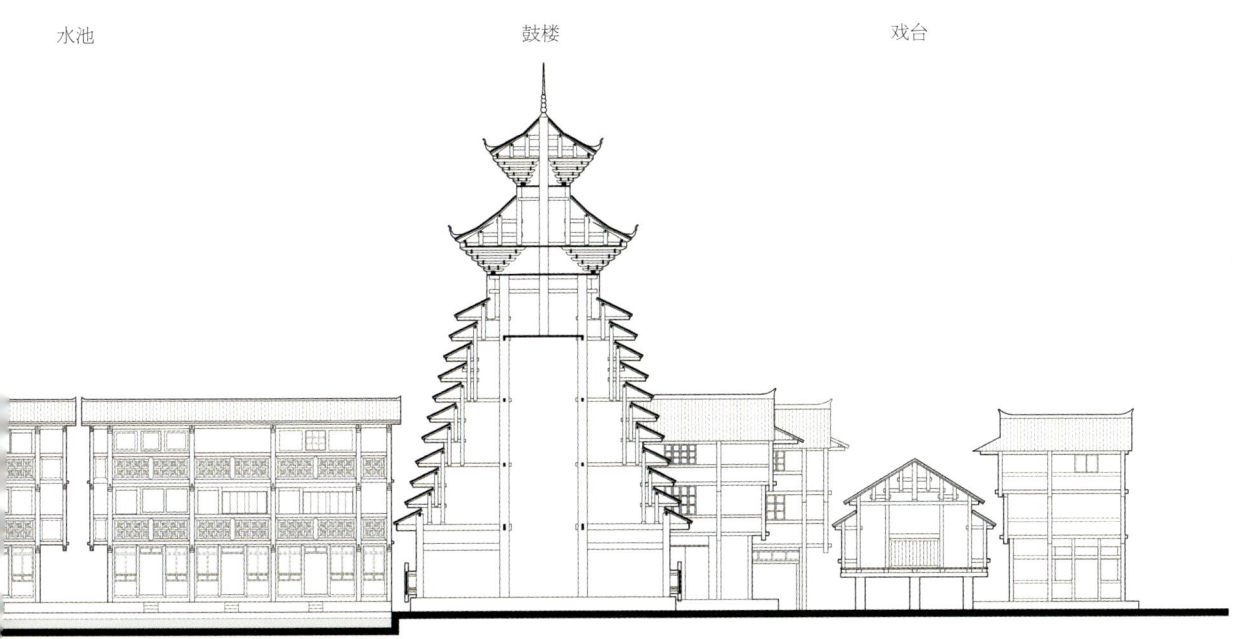

水池 　　　　　　　　　　鼓楼 　　　　　　　　　戏台

0 1 2 3m

1—1剖面图

增冲 鼓楼

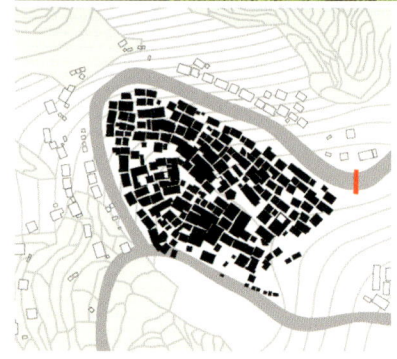

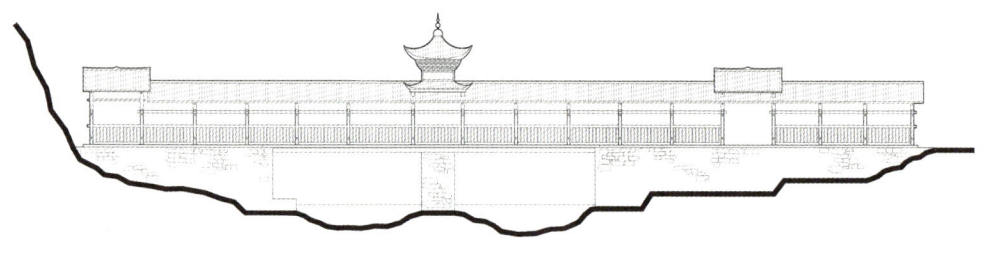

立面图

增冲　寨南风雨桥

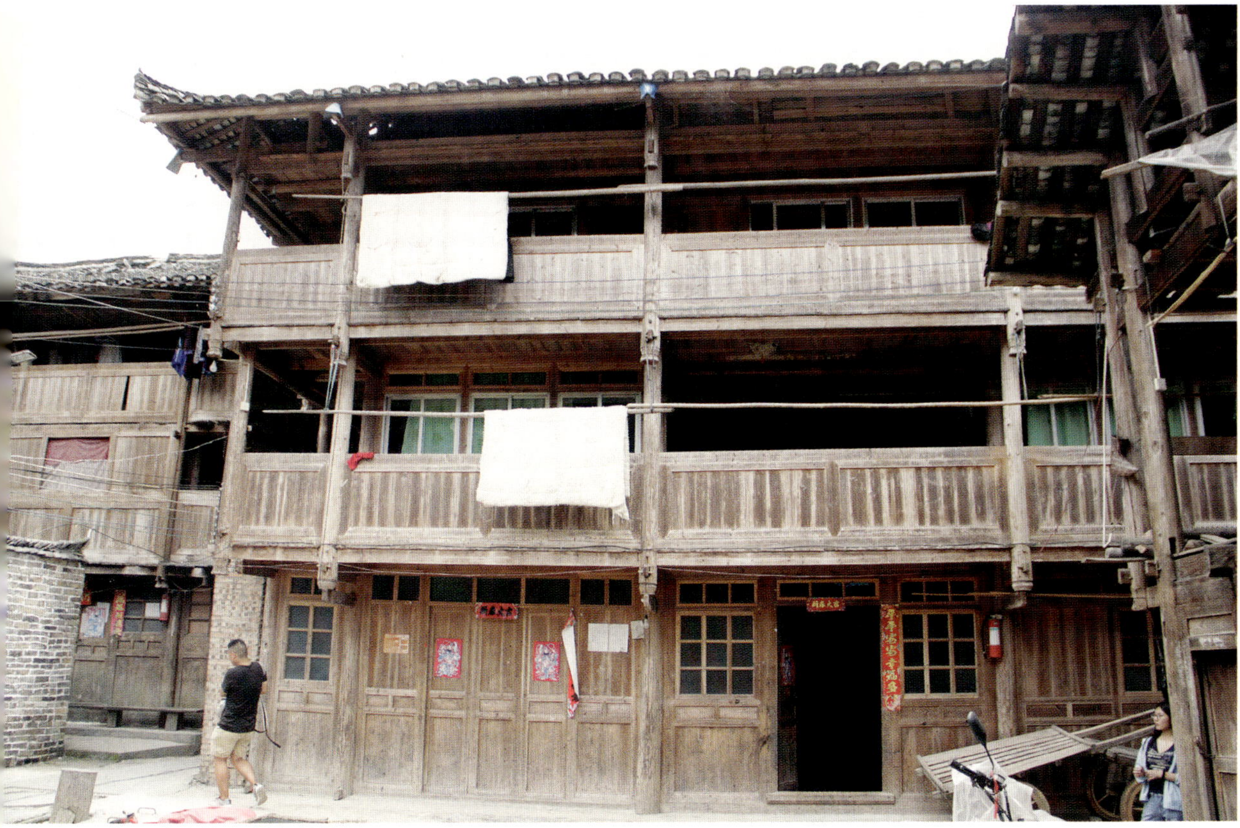

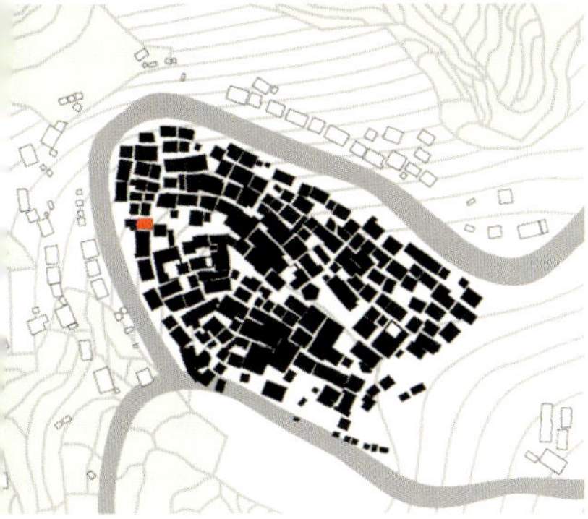

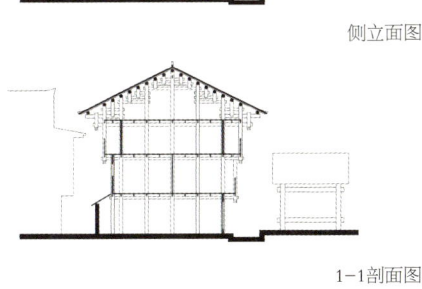

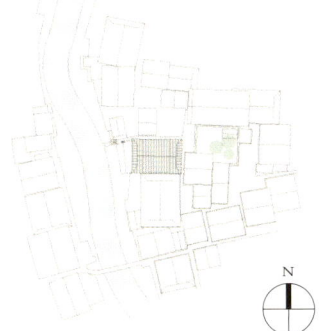

占地面积｜约92m²
建筑面积｜约284m²
建筑层数｜3层

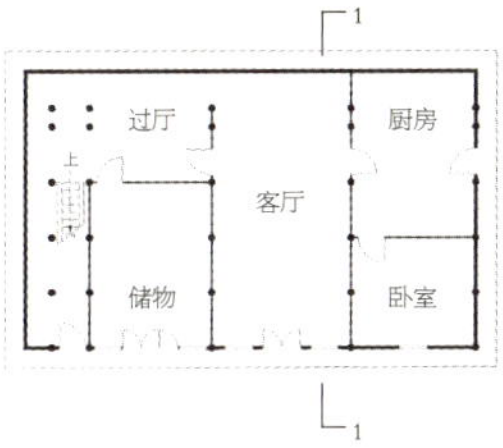

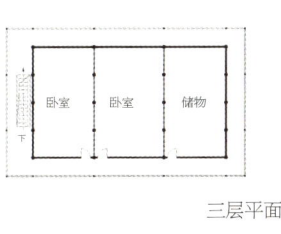

1
过厅
厨房
上
客厅
储物
卧室
1

一层平面图

正立面图

卧室
卧室
储物
卧室
卧室
卧室
下

二层平面图

侧立面图

卧室
卧室
储物
下

三层平面图

1–1剖面图

N

总平面图

0 1 2 4m

增冲　陆明德宅

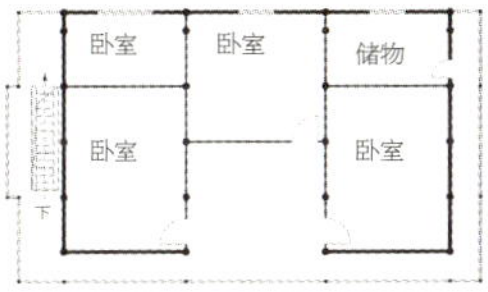

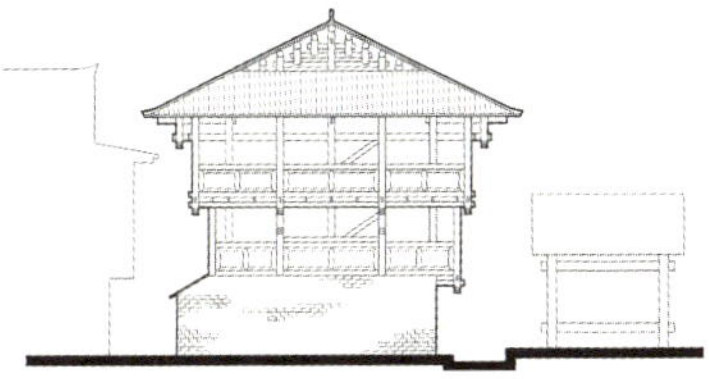

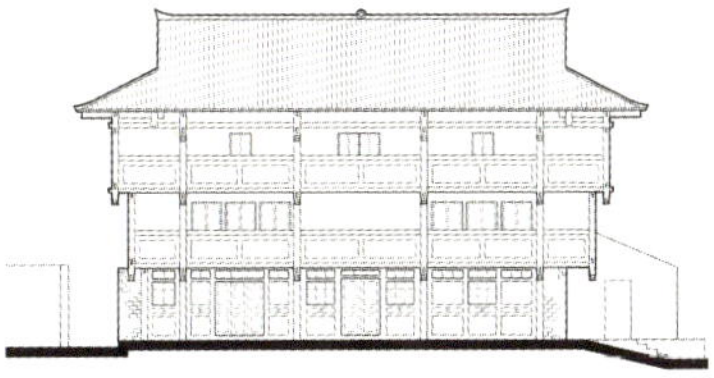

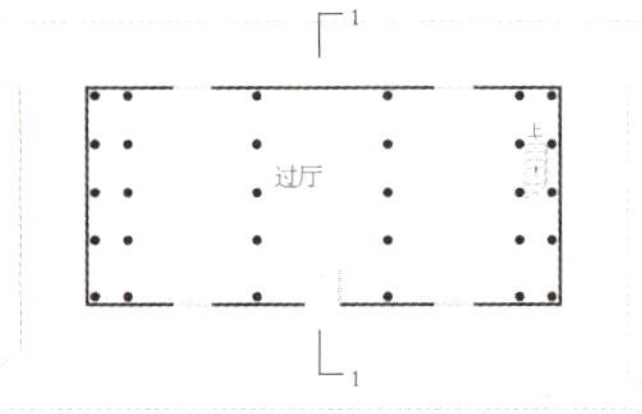

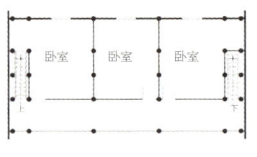

一层平面图

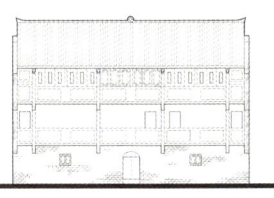

正立面图

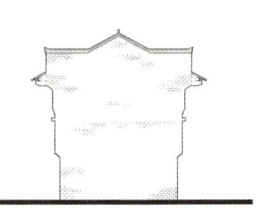

二层平面图

侧立面图

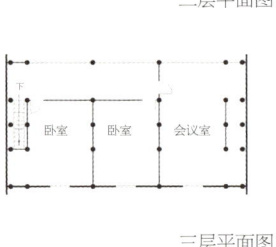

三层平面图

1-1剖面图

占地面积 | 约100m²
建筑面积 | 约315m²
建筑层数 | 3层

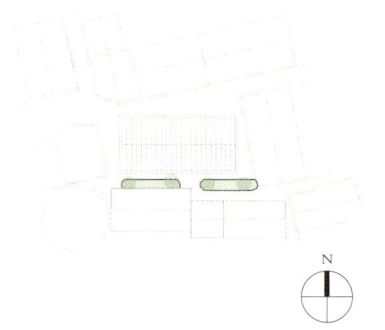

N

总平面图

0 1 2   4m

增冲　农民起义纪念馆

占地面积 | 约92m²
建筑面积 | 约198m²
建筑层数 | 2层

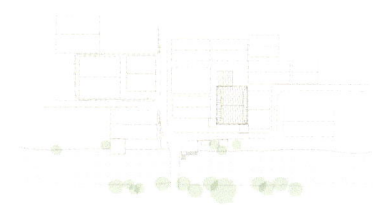

N

总平面图

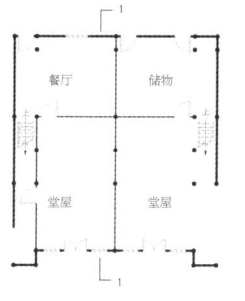

一层平面图

餐厅　储物

堂屋　堂屋

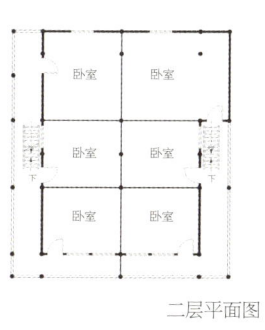

二层平面图

卧室　卧室

卧室　卧室

卧室　卧室

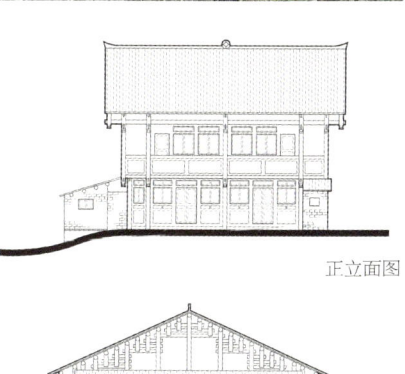

正立面图

侧立面图

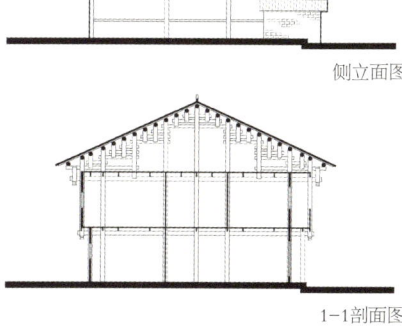

1-1剖面图

0 1 2　4m

增冲　石起华宅

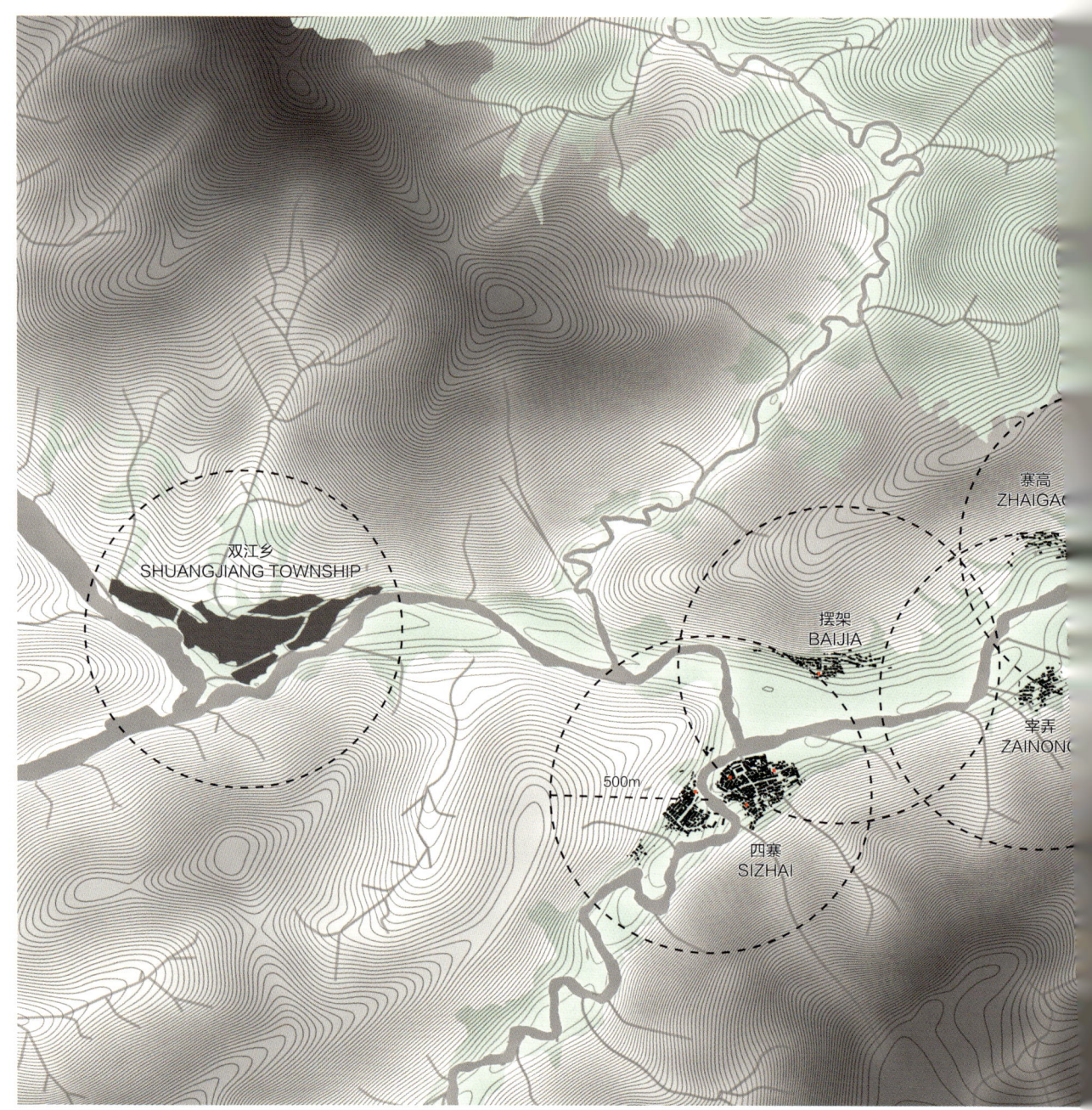

双江乡
SHUANGJIANG TOWNSHIP

寨高
ZHAIGAO

摆架
BAIJIA

宰弄
ZAINONG

500m

四寨
SIZHAI

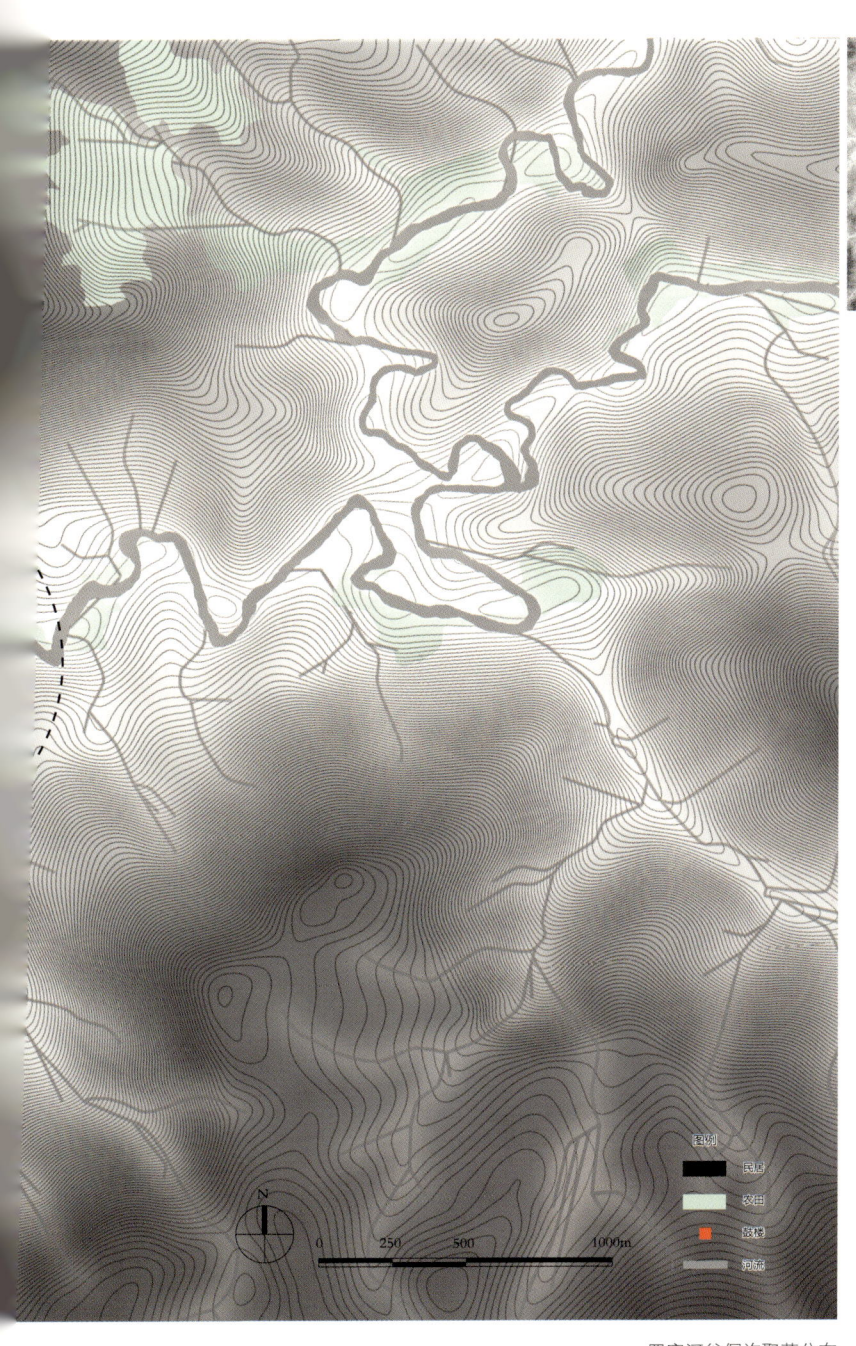

图例

■ 民居

农田

■ 鼓楼

河流

0　250　500　1000m

四寨河谷侗族聚落分布

四寨

Sizhai Village

区位：贵州省黎平县双江乡

海拔：约290m

坐标：北纬25.9°，东经108.8°

村庄（传统核心区）面积：13.9hm^2

民族：侗族

人口：约2920人

Location: Shuangjiang Town, Liping County, Guizhou Province

Altitude: c. 290m

Coordinate: N25.9°, E108.8°

Village (Historical Core) Area: 13.9hm^2

Nationality: Dong

Population: c. 2920

四寨

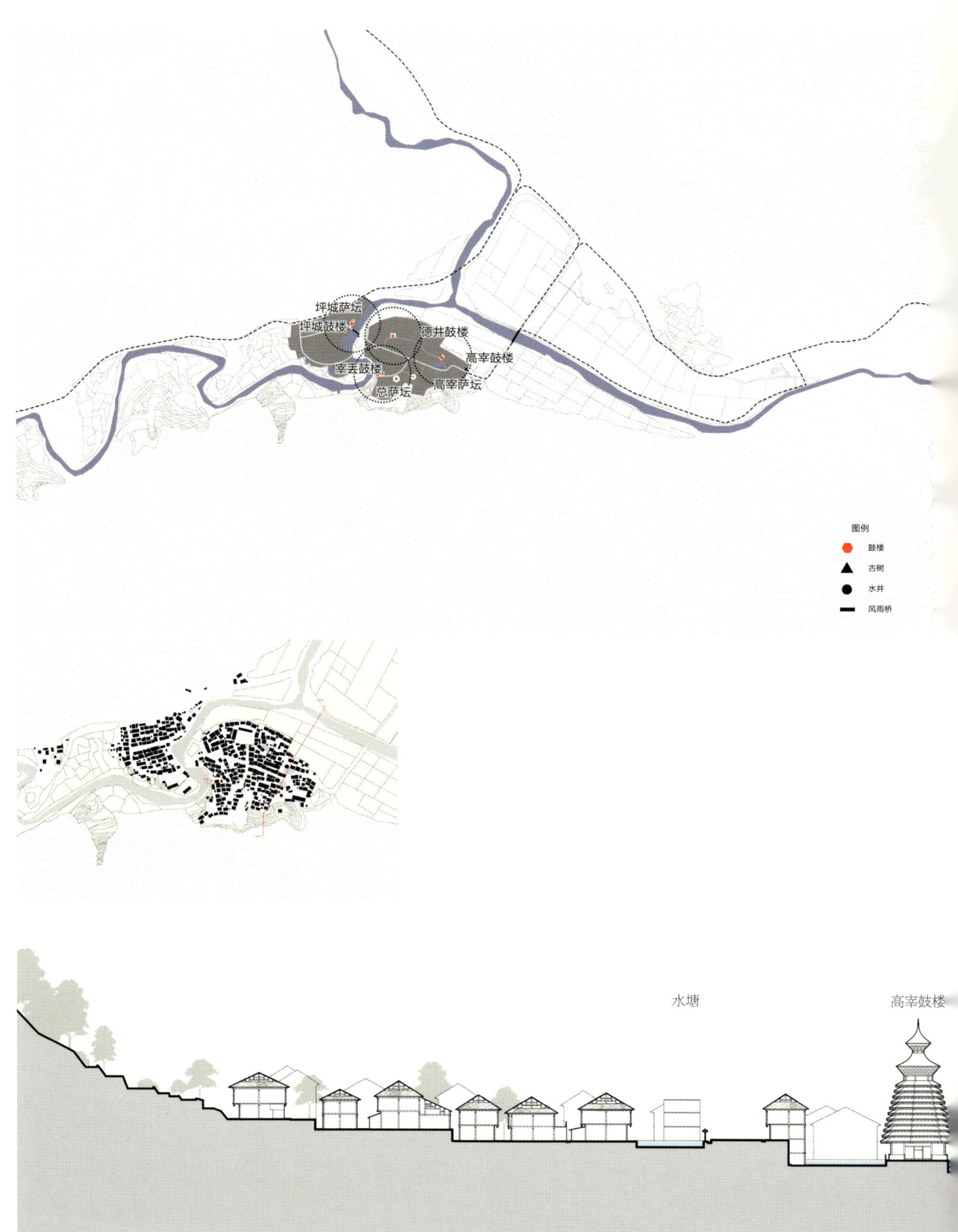

坪城萨坛
坪城鼓楼
宰丢鼓楼
总萨坛
德井鼓楼
高宰鼓楼
高宰萨坛

图例
鼓楼
古树
水井
风雨桥

水塘
高宰鼓楼

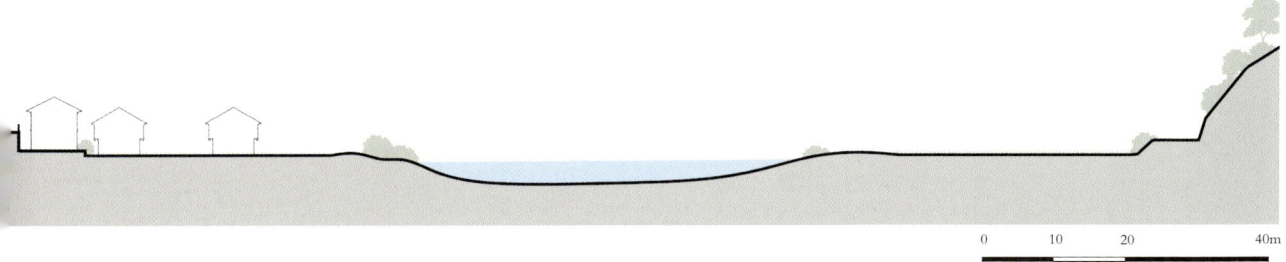

鼓楼 　　鼓楼 　　鼓楼 　　鼓楼 　　戏台

戏台 　　风雨桥 　　风雨桥 　　风雨桥

风雨桥 　　风雨桥 　　风雨桥

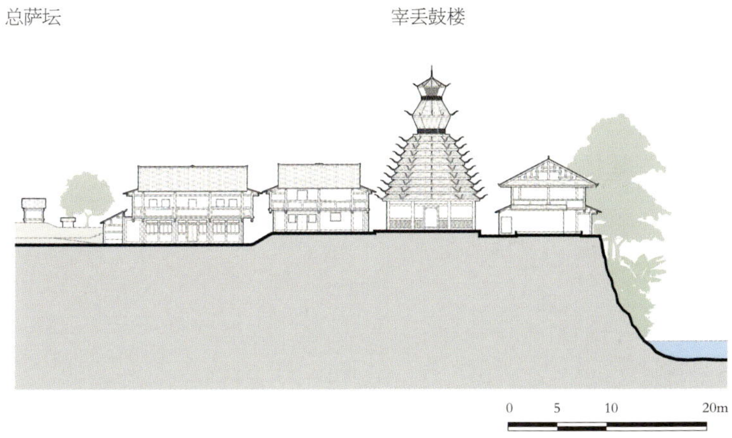

总萨坛　　　　　　宰丢鼓楼

河　　　　　　　　　2-2四寨剖面图

1-1四寨剖面图

古树

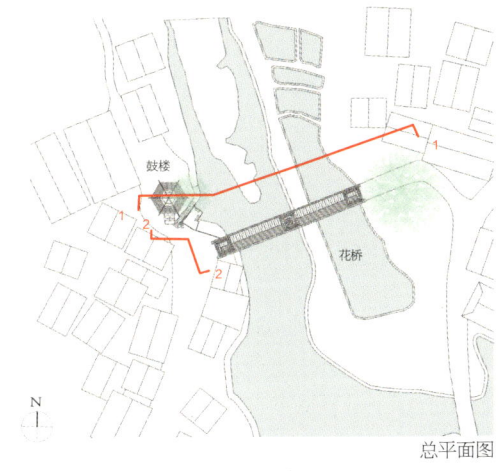

总平面图

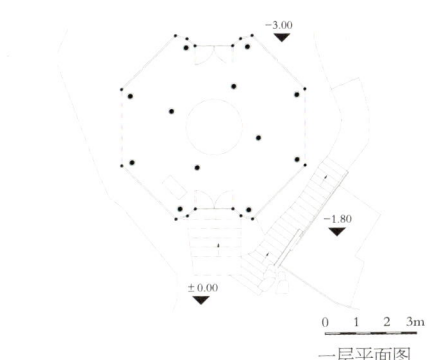

0 1 2 3m

一层平面图

鼓楼

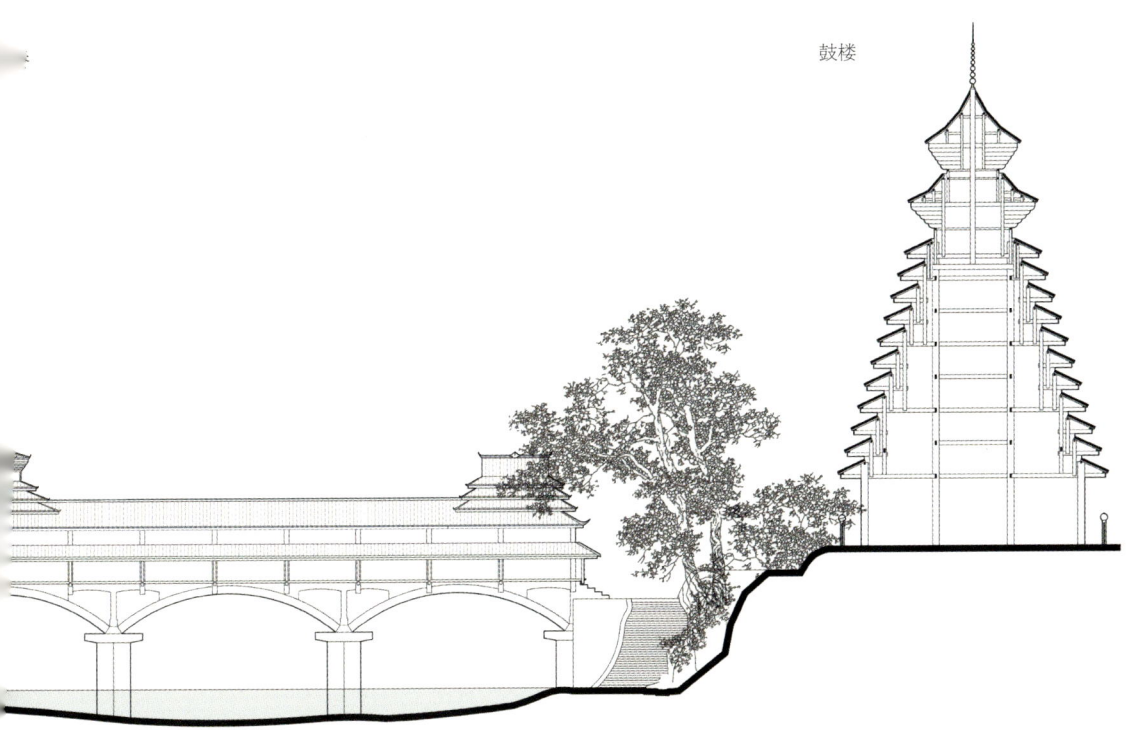

0 1 2 3m

1-1剖面图

四寨 坪城鼓楼

0 1 2 3m

2-2立面图

四寨 坪城鼓楼

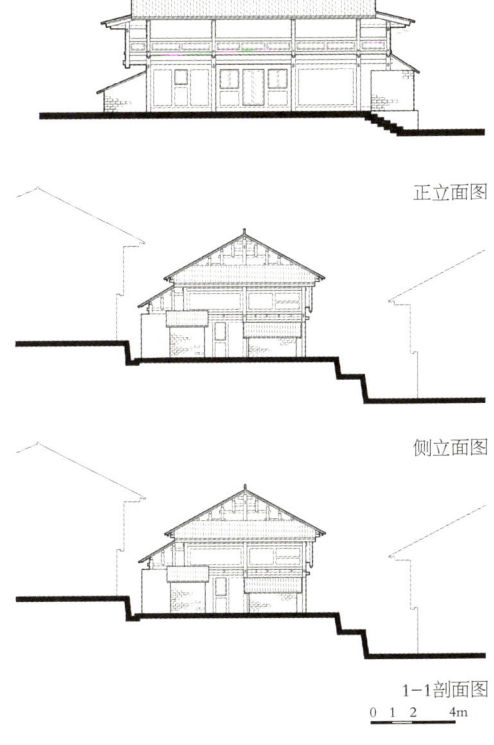

占地面积｜约92m²
建筑面积｜约181m²
建筑层数｜2层

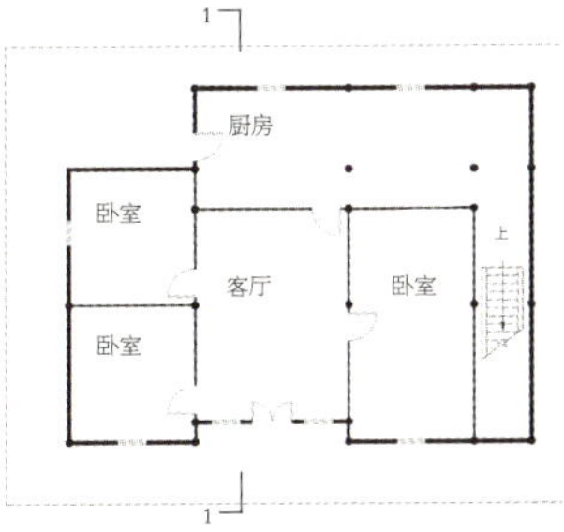

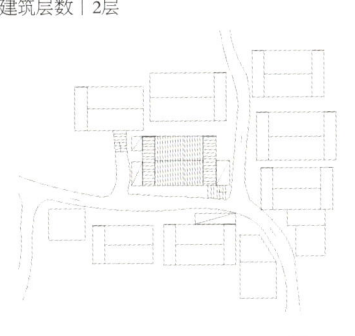

N

总平面图

一层平面图

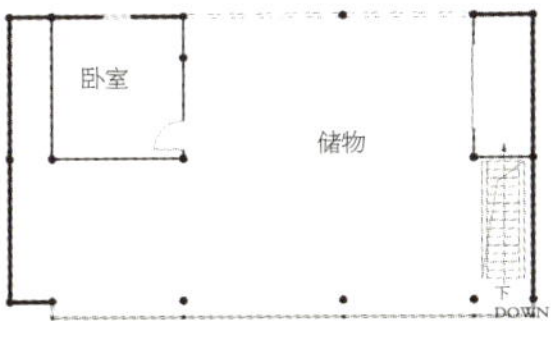

厨房

卧室

客厅

卧室

卧室

上

二层平面图

卧室

储物

下
DOWN

正立面图

侧立面图

1－1剖面图

0 1 2 4m

四寨　周新良宅

黄岗

Huanggang Village

区位：贵州省黎平县双江乡

海拔：约750m

坐标：北纬25.8°，东经108.8°

村庄（传统核心区）面积：18.6hm^2

民族：侗族

人口：约1630人

Location: Shuangjiang Town, Liping County, Guizhou Province

Altitude: c. 750m

Coordinate: N25.8°, E108.8°

Village (Historical Core) Area: 18.6hm^2

Nationality: Dong

Population: c. 1630

黄岗

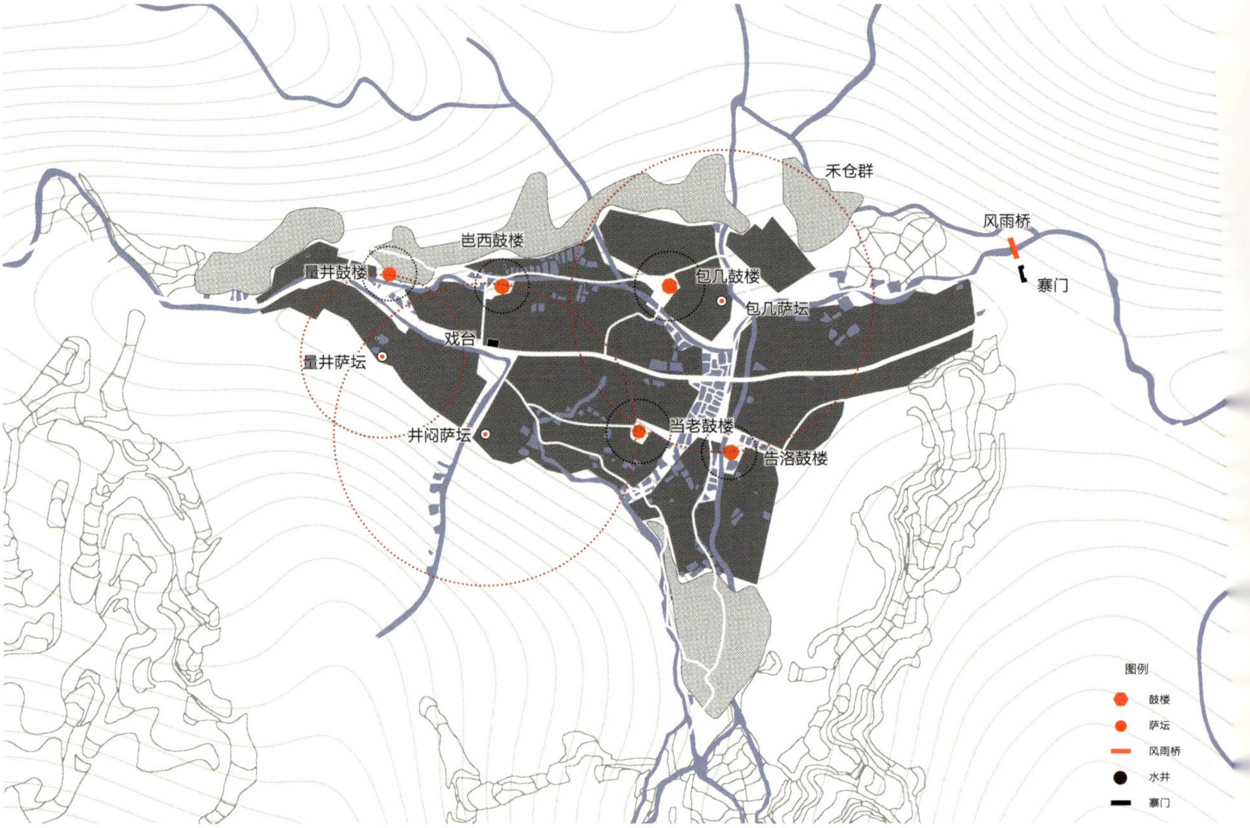

禾仓群

风雨桥

岂西鼓楼

包几鼓楼

寨门

量井鼓楼

量井萨坛

包几萨坛

戏台

井闷萨坛

当老鼓楼

告洛鼓楼

图例

● 鼓楼

● 萨坛

— 风雨桥

● 水井

■ 寨门

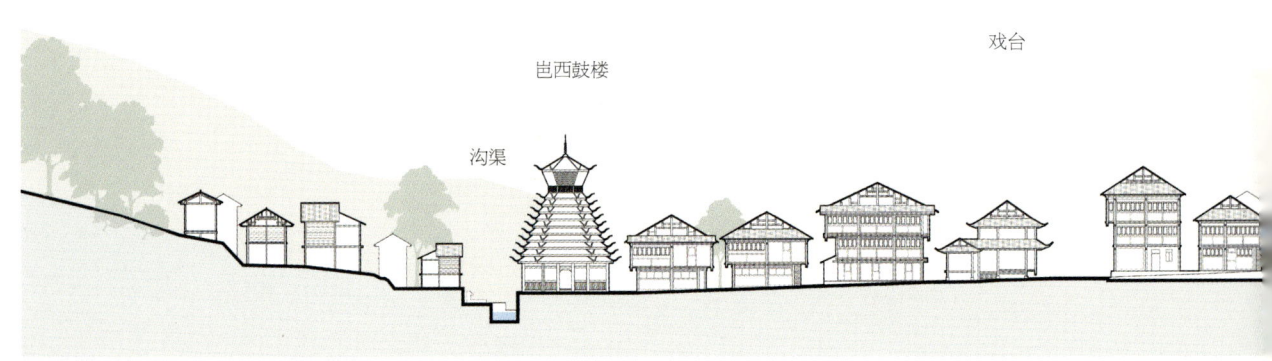

戏台

岂西鼓楼

沟渠

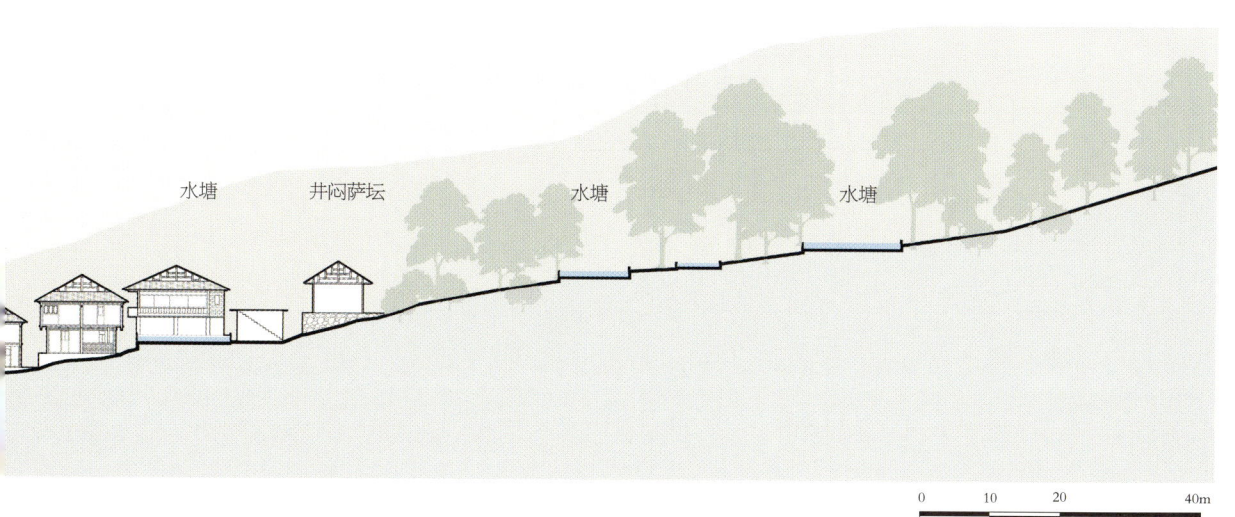

量井鼓楼　　岂西鼓楼　　岂老鼓楼　　岂洛鼓楼 　　包儿鼓楼

井闷萨坛 　　包儿萨坛 　　量井萨坛 　　寨门 　　风雨桥

戏台 　　水井 　　水井 　　广场 　　民居场

水塘　　井闷萨坛　　水塘　　水塘

0　　10　　20　　40m

黄岗剖面图

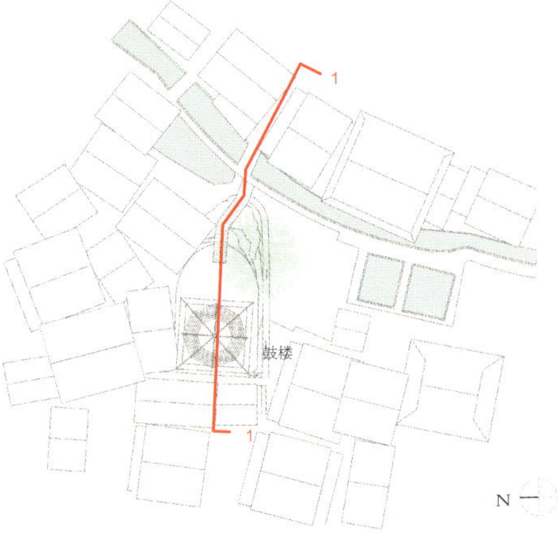

总平面图 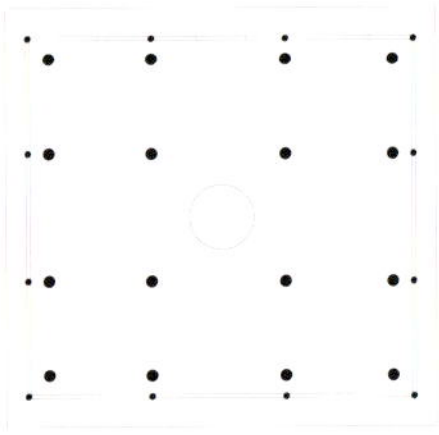　　　　　　　　　一层平面图 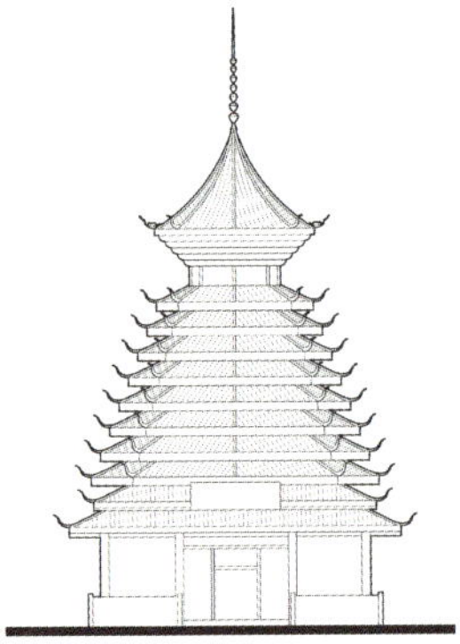　　　　　　　　　鼓楼正面图

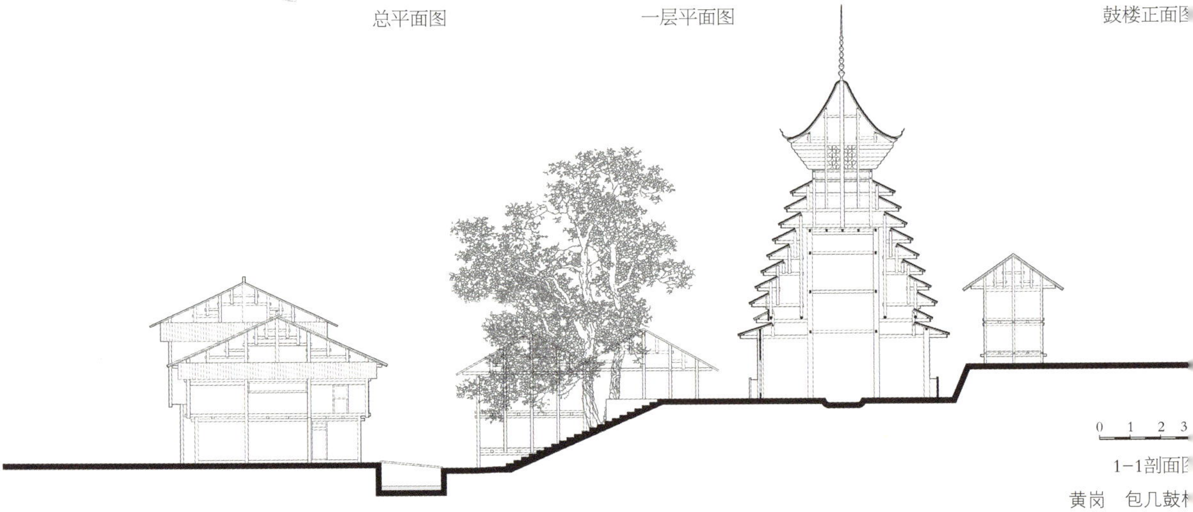

N

0　1　2　3

1-1剖面图

黄岗　包几鼓楼

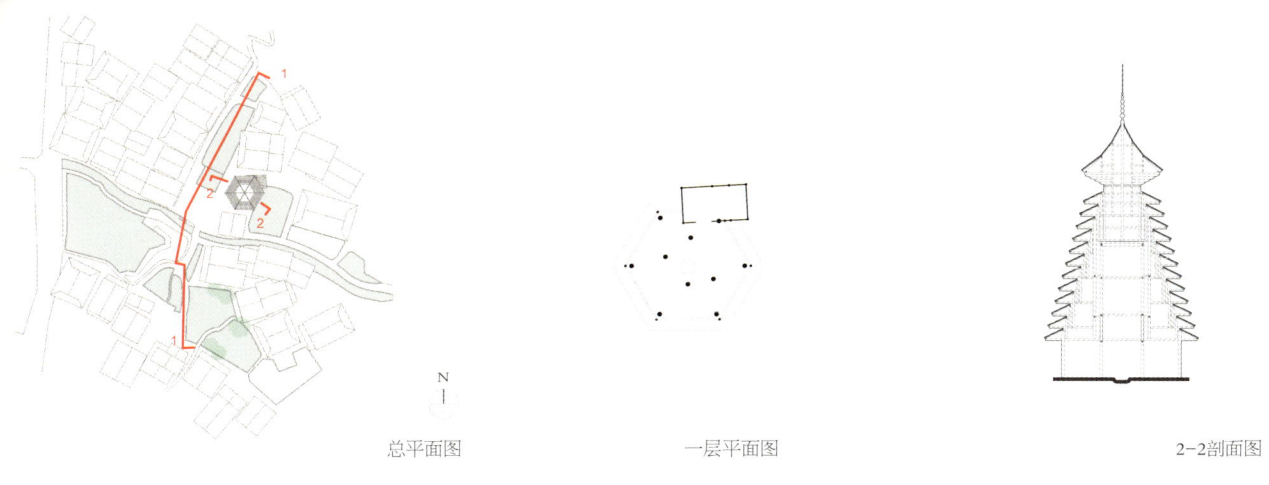

总平面图　　　　　　一层平面图　　　　　　2-2剖面图

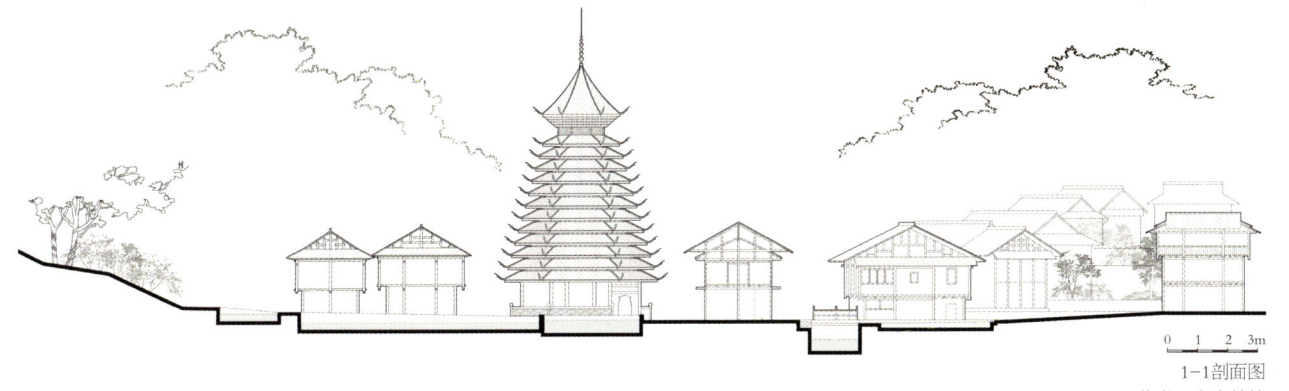

0　1　2　3m

1-1剖面图

黄岗　告洛鼓楼

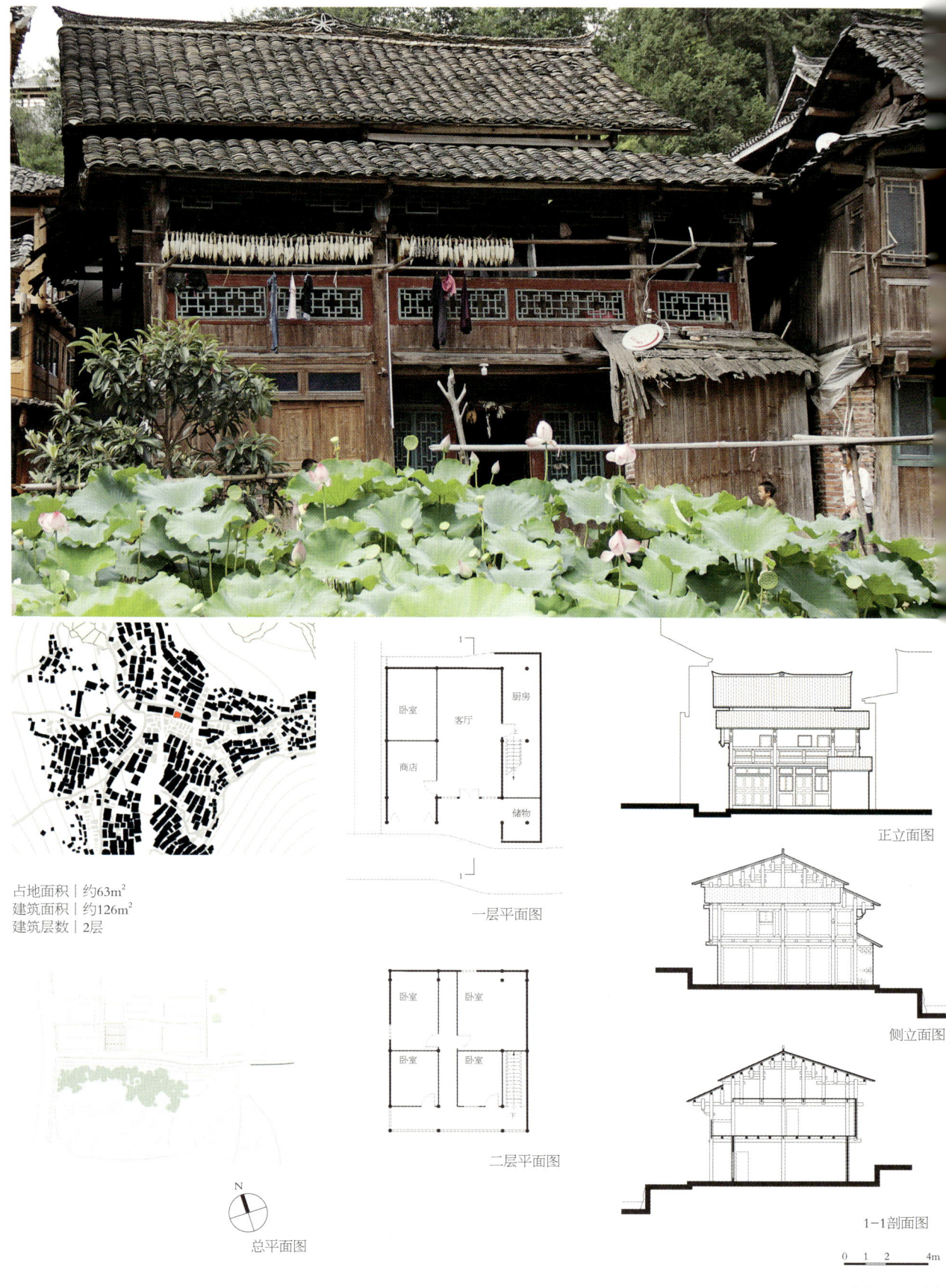

占地面积 | 约63m²
建筑面积 | 约126m²
建筑层数 | 2层

一层平面图

卧室　客厅　厨房
商店　储物

正立面图

侧立面图

二层平面图

卧室　卧室
卧室　卧室

1-1剖面图

0　1　2　　4m

总平面图

黄岗　吴再光宅

储物

一层平面图

卧室　卧室　卧室

二层平面图

卧室　堂屋
卧室

三层平面图

占地面积｜约32m²
建筑面积｜约112m²
建筑层数｜2层

正立面图

侧立面图

1-1剖面图

N

0　1　2　　4m

总平面图

黄岗　300年民居

述洞

Shudong Village

区位：贵州省黎平县岩洞镇

海拔：约450～880m

坐标：北纬26.10°，东经108.87°

村庄（传统核心区）面积：56hm^2

民族：侗族

人口：约1700人

Location: Yandong Town, Liping County, Guizhou Province

Altitude: c. 450～880m

Coordinate: N26.10°, E108.87°

Village (Historical Core) Area: 56hm^2

Nationality: Dong

Population: c. 1700

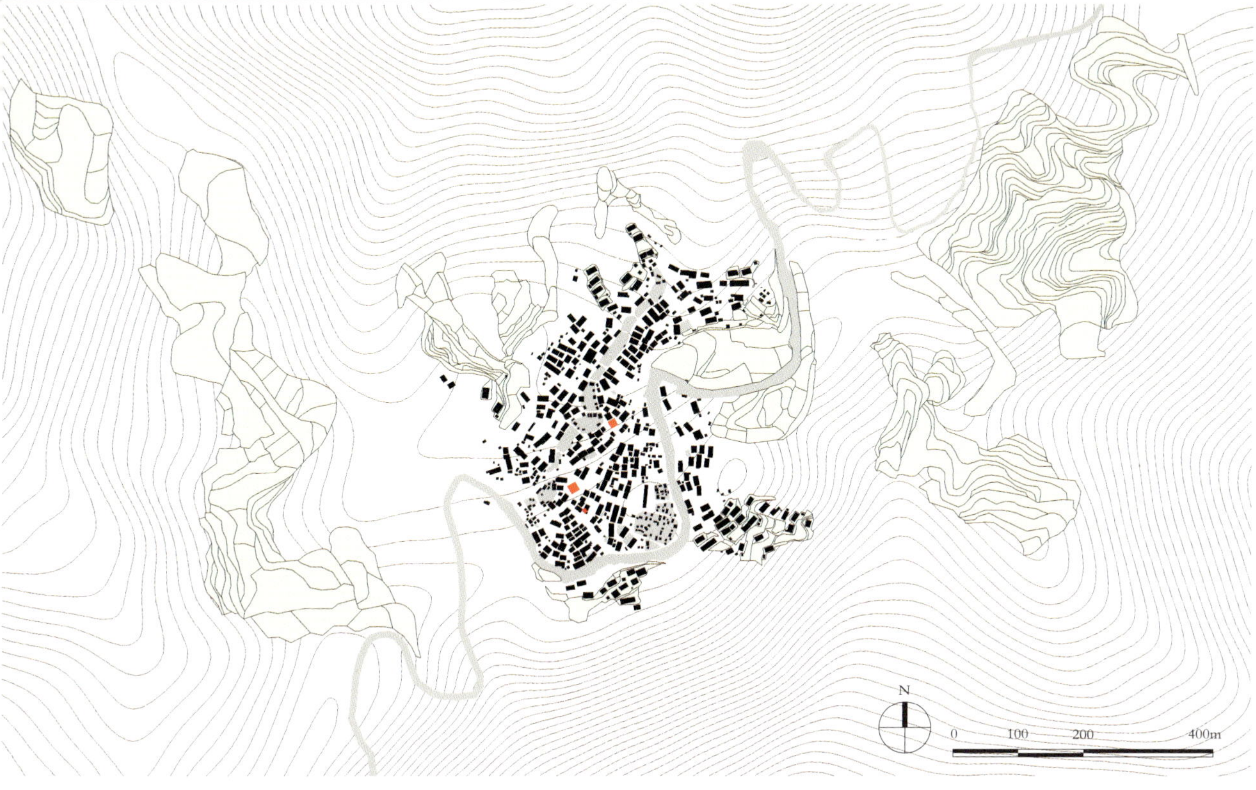

述洞

禾仓　　　　风雨桥　　　　　　　　　　　　　水塘

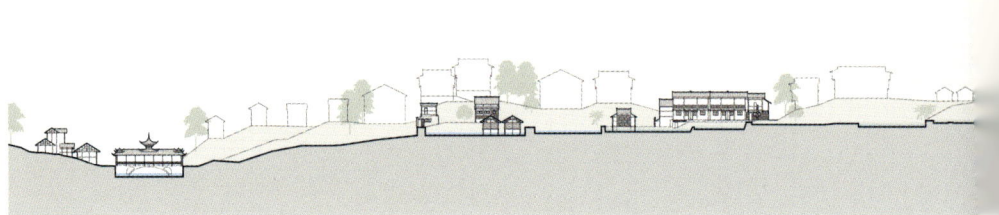

河　　　　　　　　　　　水塘

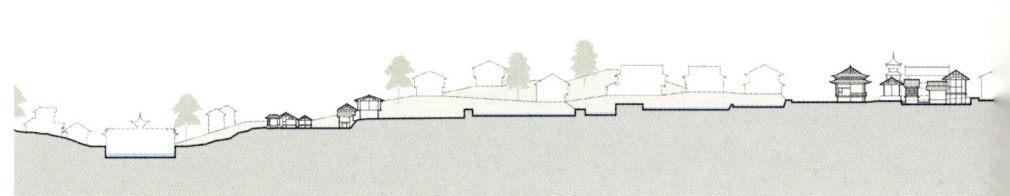

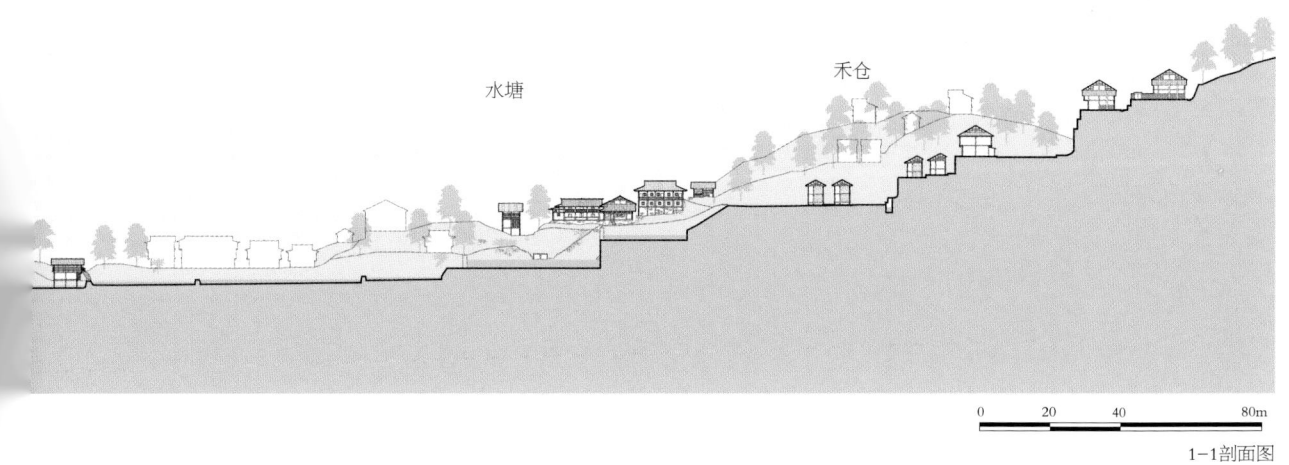

水塘　　　　　　　　　　禾仓

0　　20　　40　　　　80m

1-1剖面图

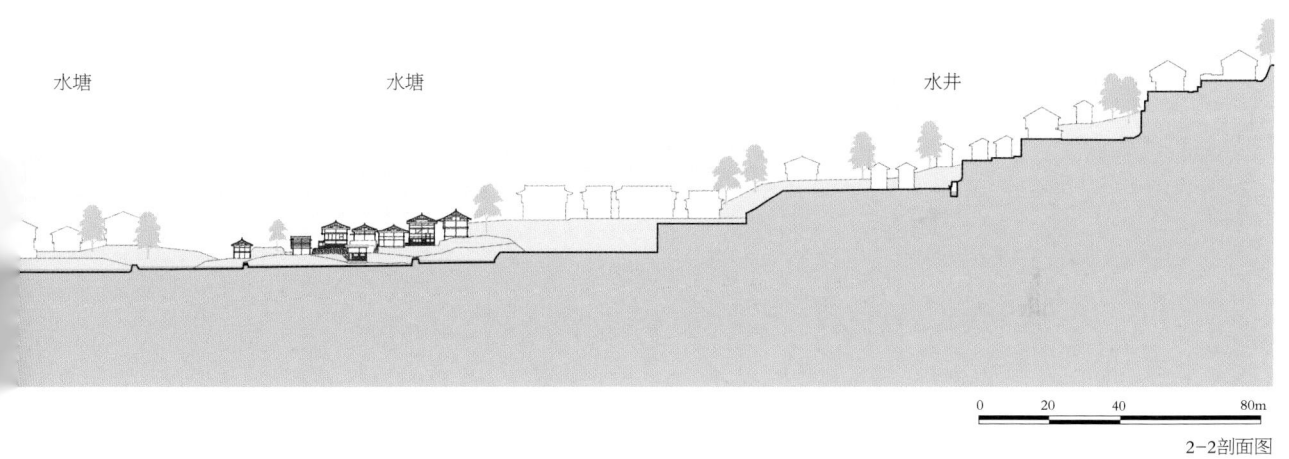

水塘　　　　水塘　　　　　　　　水井

0　　20　　40　　　　80m

2-2剖面图

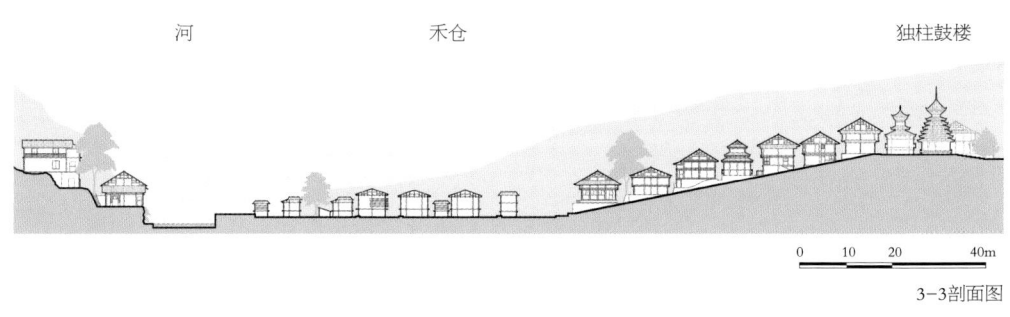

河　　　　　　禾仓　　　　　　　　独柱鼓楼

0　10　20　　40m

3-3剖面图

述洞

图例

鼓楼

萨坛

风雨桥

水井

公共空间

民居

禾仓

河流

道路

搪头鼓楼

独柱鼓楼

萨坛

林

梯田

民居

河

搪头鼓楼

村路

水塘

粮仓

水塘群

独柱鼓楼

萨坛

戏台

风雨桥

寨门

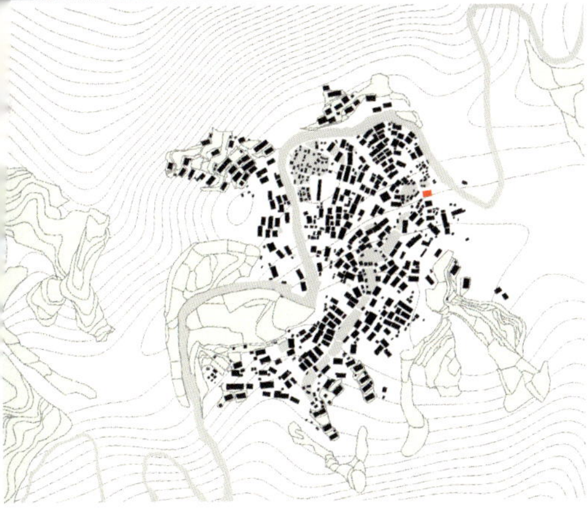

占地面积 | 约176m²
建筑面积 | 约353m²
建筑层数 | 2层

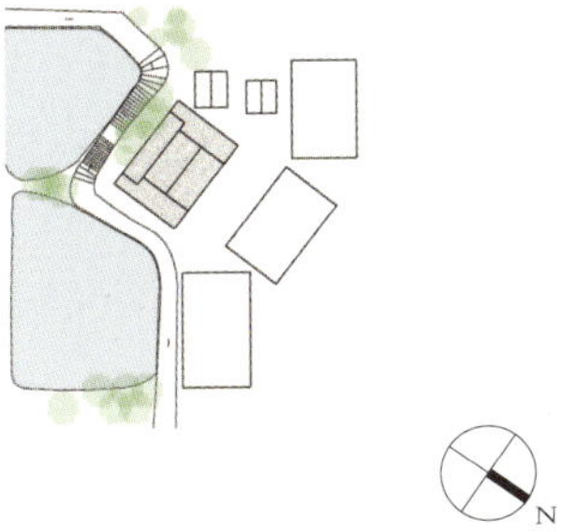

N

总平面图

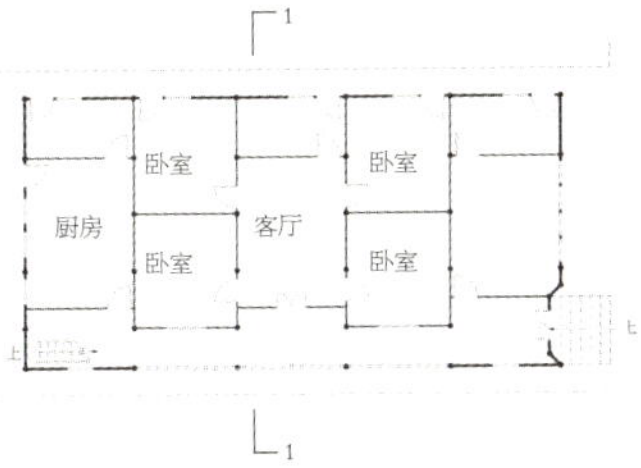

厨房　客厅　卧室　卧室　卧室　卧室

一层平面图

卧室　卧室　卧室　卧室　卧室

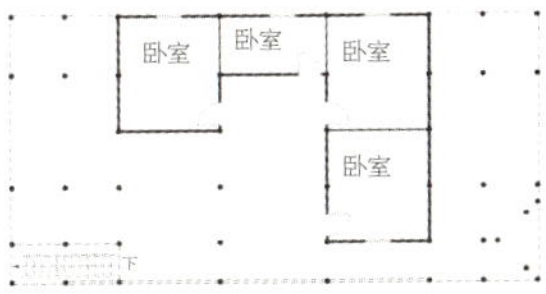

二层平面图

0　1　2　　4m

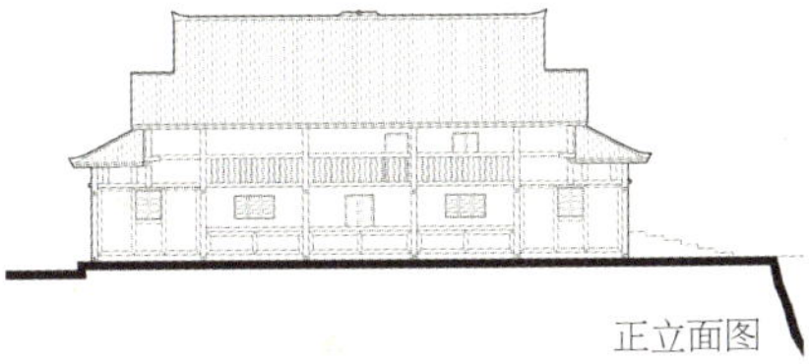

正立面图

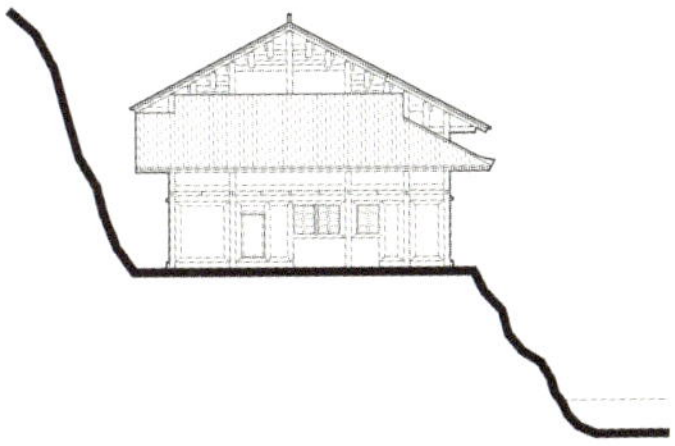

侧立面图

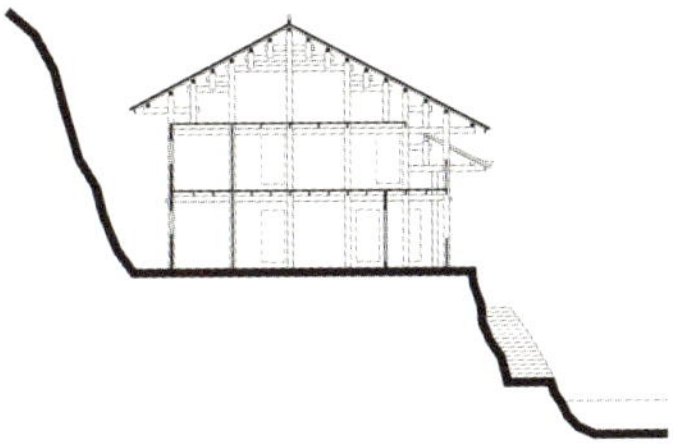

1-1剖面图

述洞　谢正宜宅

堂安

Tang'an Village

区位：贵州省黎平县肇兴乡

海拔：约820m

坐标：北纬25.90°，东经109.21°

村庄（传统核心区）面积：10.8hm²

民族：侗族

人口：约800人

Location: Zhaoxing Town, Liping County, Guizhou Province

Altitude: c. 820m

Coordinate: N25.90°, E109.21°

Village (Historical Core) Area: 10.8hm²

Nationality: Dong

Population: c. 800

堂安

鼓楼

图例
● 鼓楼
● 萨坛
▬ 风雨桥
● 水井
▲ 古树
▮ 民居
▬ 河流
--- 道路

村寨门　萨坛　　鼓楼　　水塘

梯田

山

村落

水塘

蓄水池

蓄水池

水井

民居

鼓楼

寨门

戏台

风雨桥

寨门

风雨桥

0　20　40　　　80m

堂安剖面图

总平面图

一层平面图

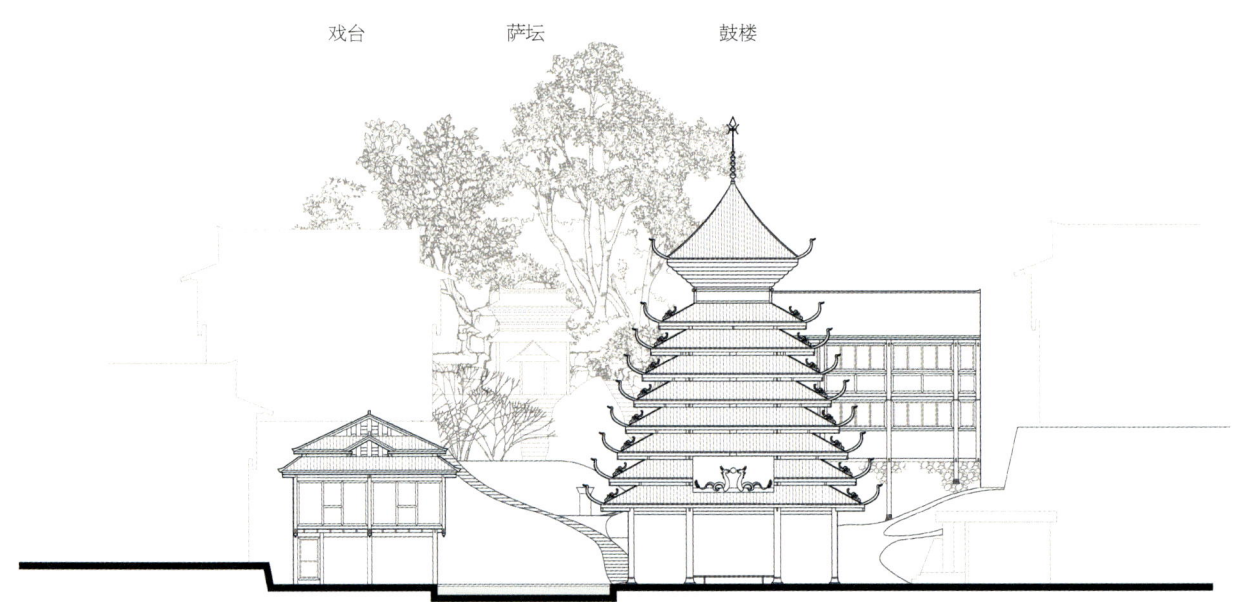

戏台　　　　萨坛　　　　鼓楼

0　1　2　3m

立面图

堂安　鼓楼

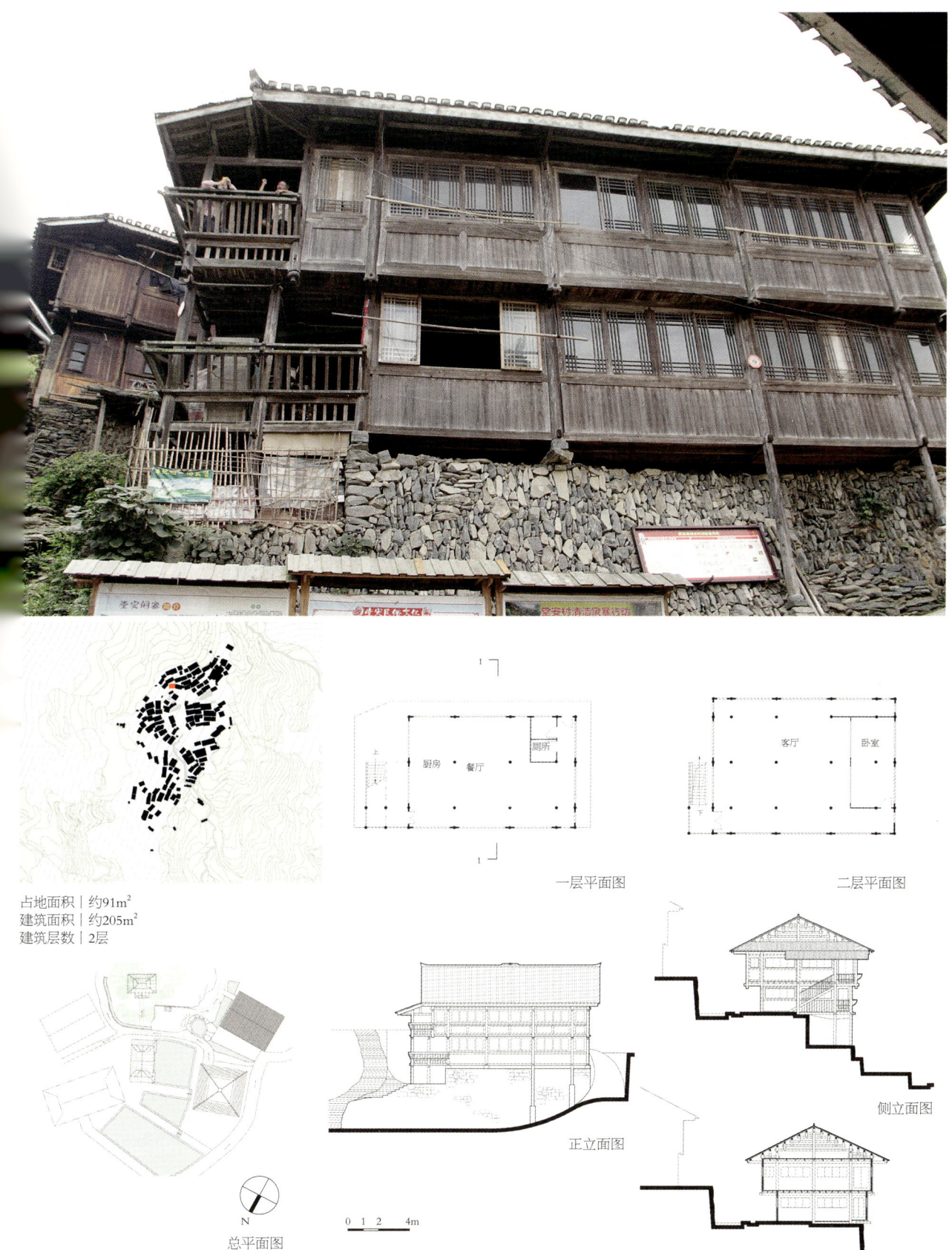

占地面积｜约91m²
建筑面积｜约205m²
建筑层数｜2层

1

厨房 ● 餐厅

厕所

上

1

一层平面图

客厅

卧室

下

二层平面图

N

0 1 2   4m

总平面图

正立面图

侧立面图

1-1剖面图

堂安　陆玉成宅

清水江流域

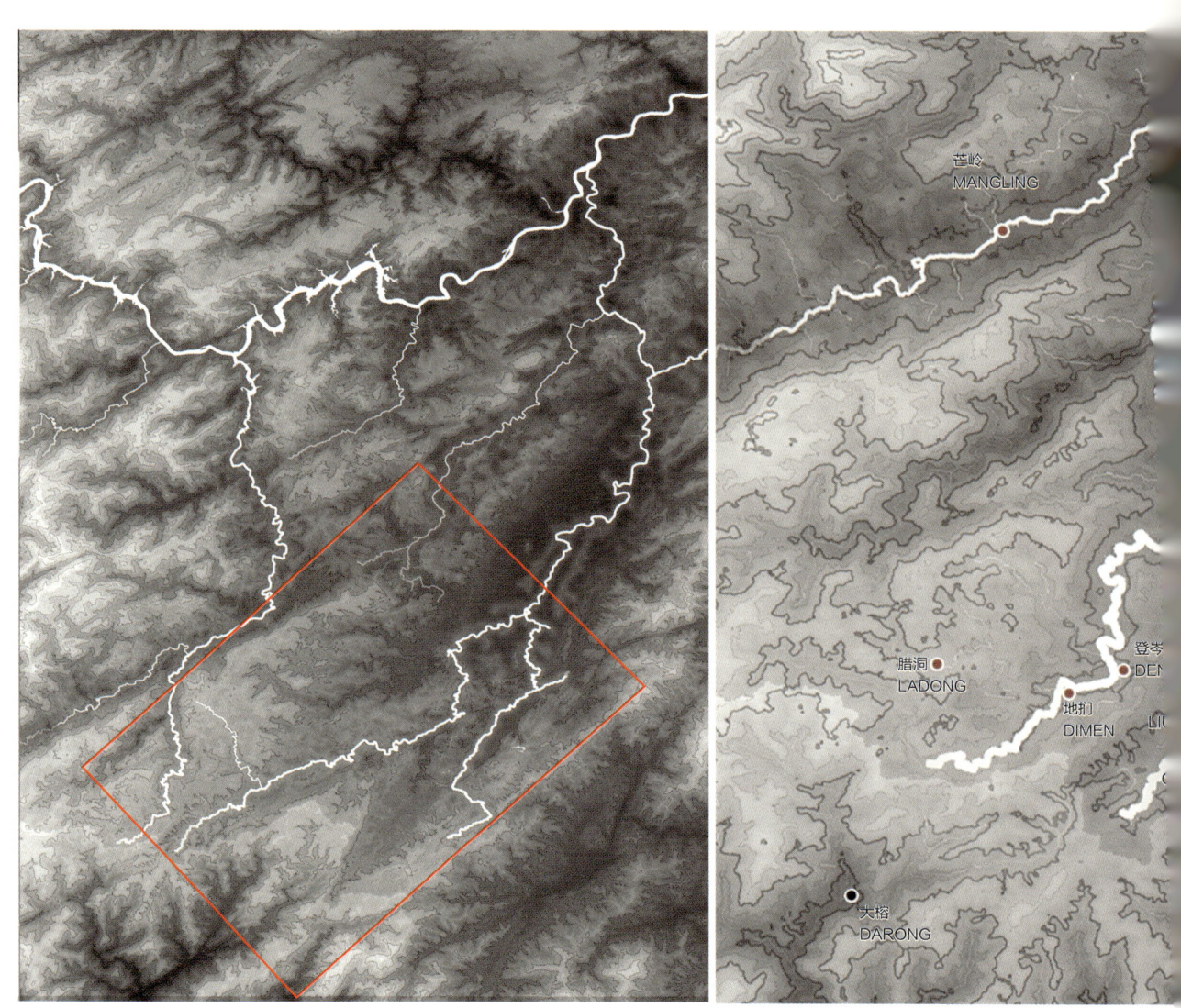

清水江流域图

高场
GAOCHAG

ING

器寨
QIZHI

蝉寨
CHAZHAI

坝寨
BAZHAI

青寨
QINGZHAI

QU

N

蚕洞
CANDONG

岩洞
YANDONG

沭洞
SHUDONG

黎平
LIPING

图例

县城范围

清水江流域侗族聚落

其他侗族聚落

河流

清水江流域侗族聚落分布图

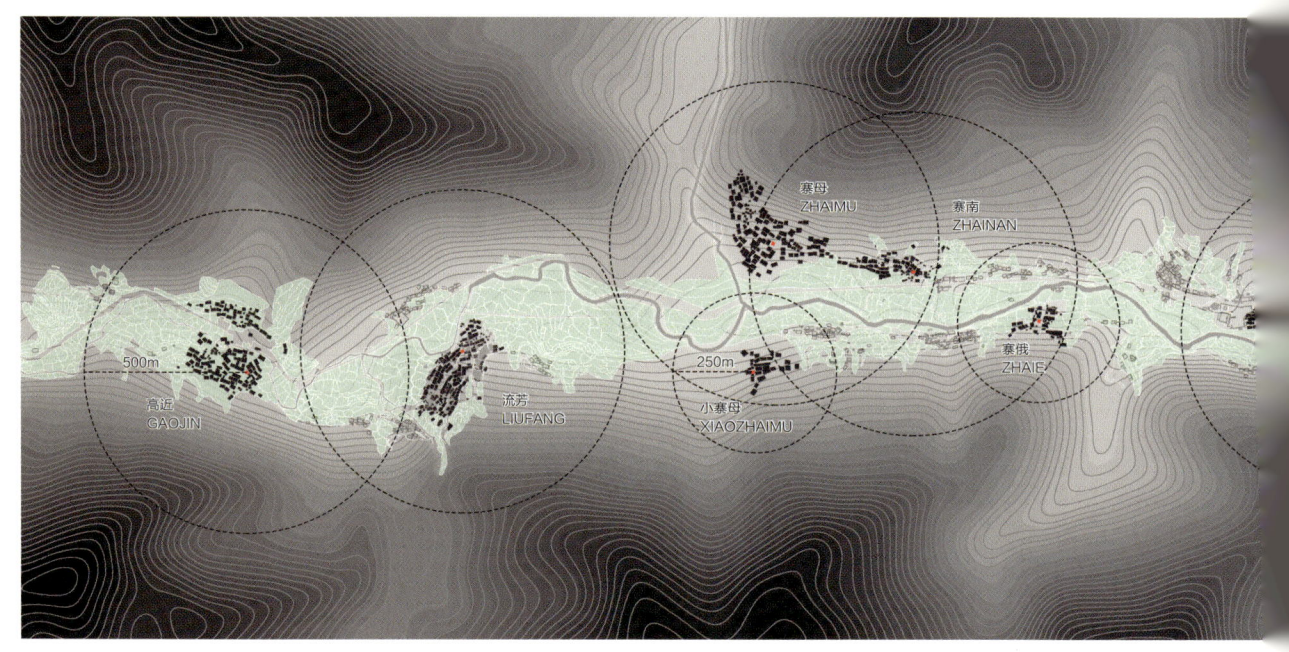

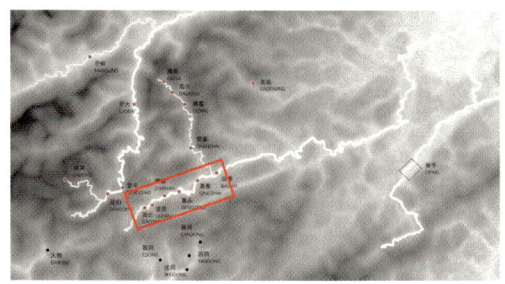

高近—坝寨河谷侗族聚落群

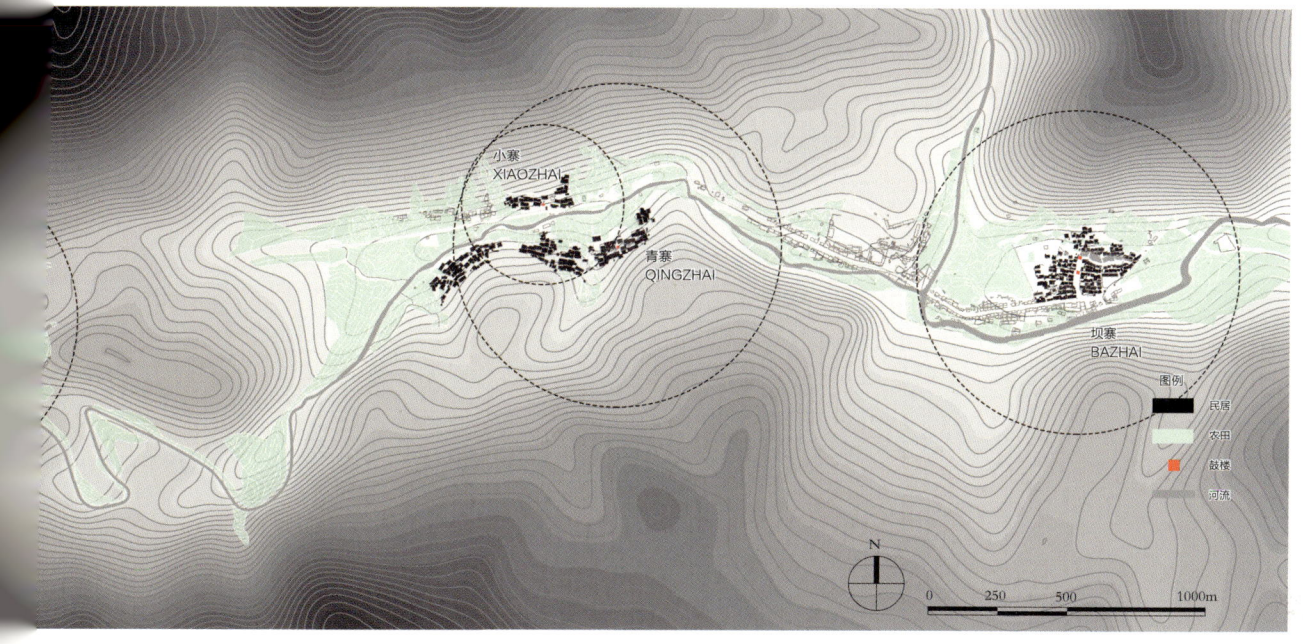

图例
■ 民居
▨ 农田
■ 鼓楼
∼ 河流

N

0　250　500　1000m

高近—坝寨河谷侗族聚落分布图

寨头　　　　　　　　　　　　　　寨头

高近　　　　　　　　　　　　　　流芳

高近

Gaojin Village

区位：贵州省黎平县茅贡乡

海拔：约700m

坐标：北纬26.17°，东经108.85°

村庄（传统核心区）面积：6.7hm²

民族：侗族

人口：约645人

Location: Maogong Town, Liping County, Guizhou Province

Altitude: c. 700m

Coordinate: N26.17°, E108.85°

Village (Historical Core) Area: 6.7hm²

Nationality: Dong

Population: c. 645

高近

图例
鼓楼
风雨桥
水井
古树
民居
河流
道路

鼓楼

田　田　河　河
田　水塘　古井　粮仓　民居
鼓楼　戏台　风雨桥　书院

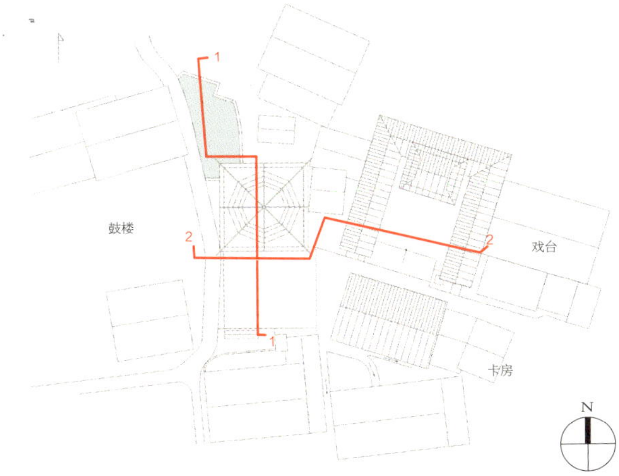

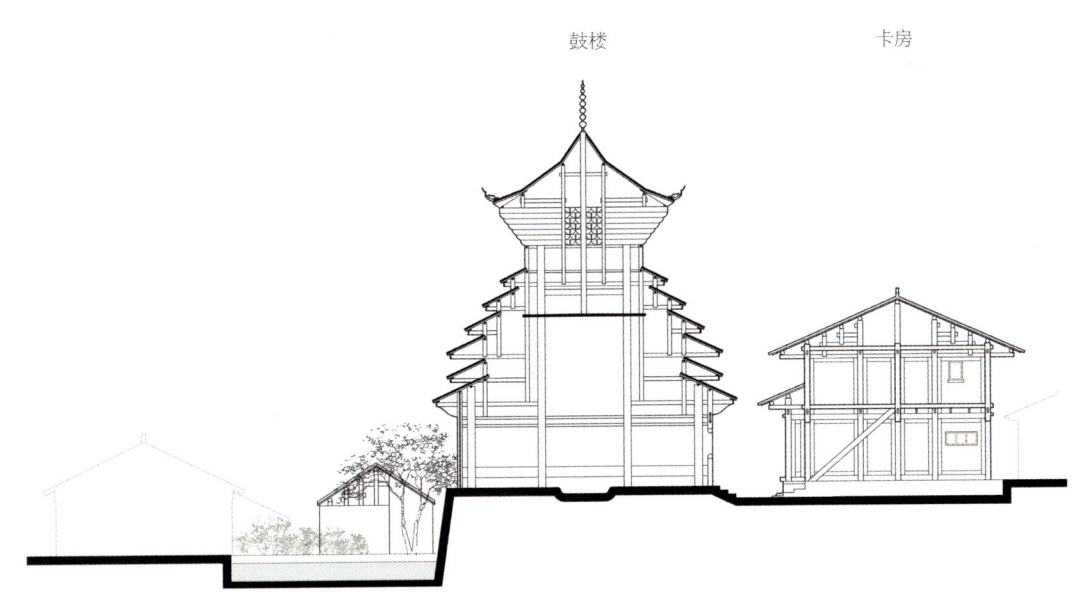

鼓楼　　　　　　　　　　　卡房

总平面图

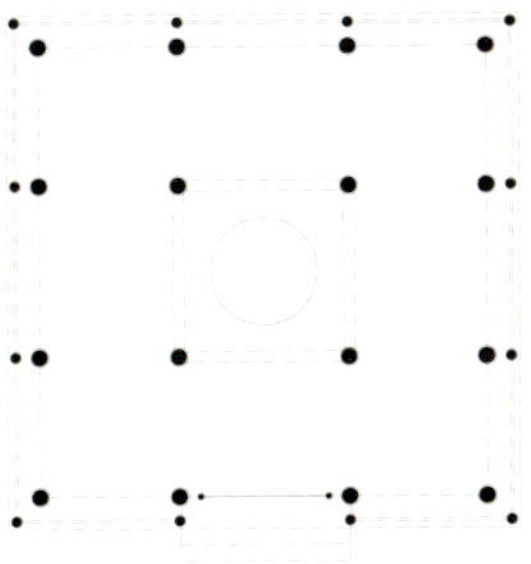

N

一层平面图

0　1　2　3m

1-1剖面图

高近　鼓楼

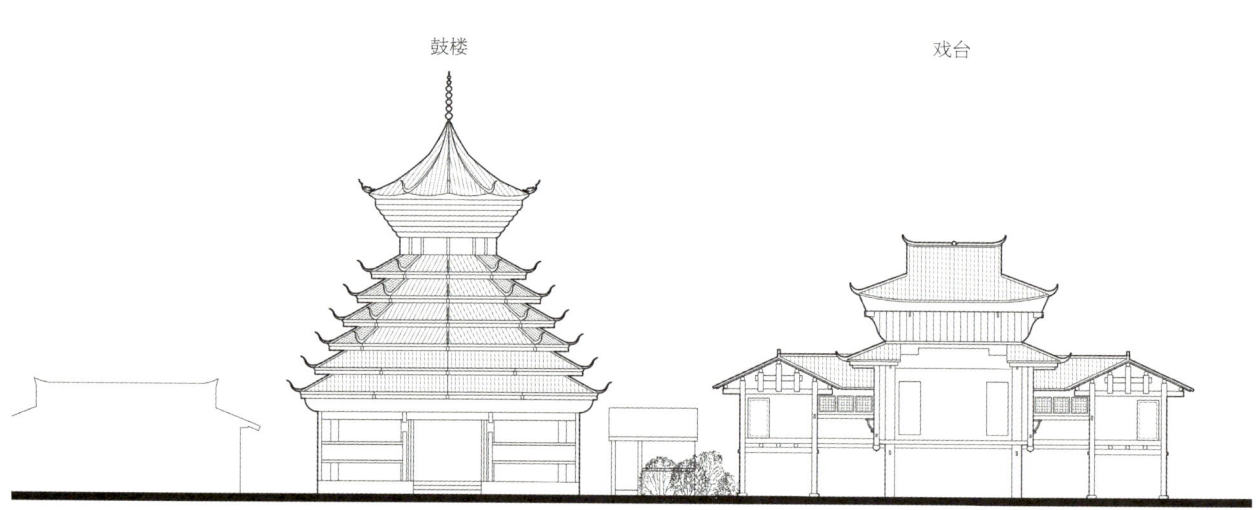

鼓楼　　　　　　　　　　　　戏台

0　1　2　3m

2-2剖面图

高近　鼓楼

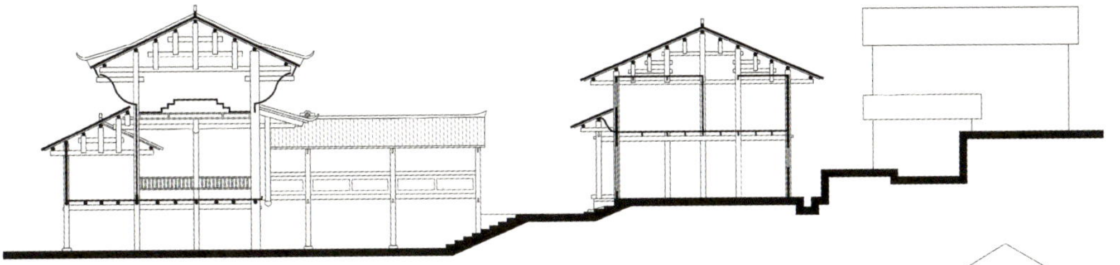

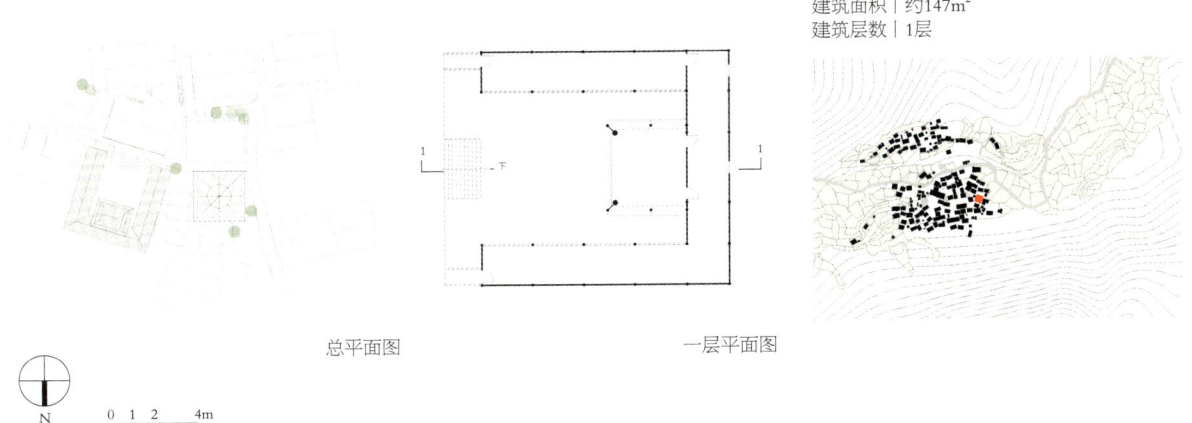

1-1剖面图

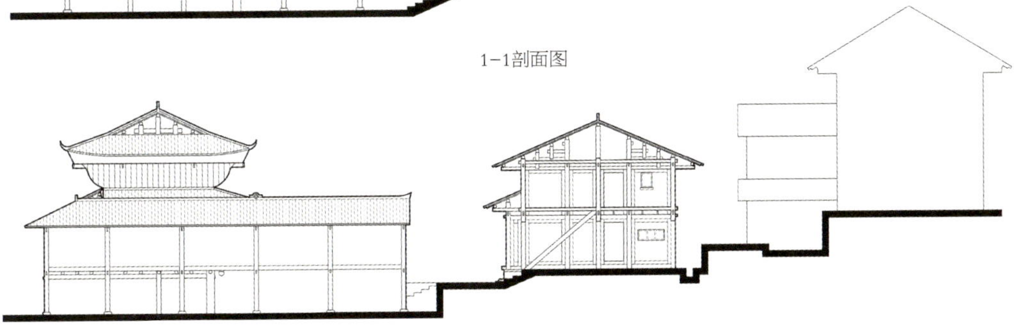

立面图

占地面积 | 约147m²
建筑面积 | 约147m²
建筑层数 | 1层

总平面图

一层平面图

N

0 1 2   4m

高近 戏台

一层平面图

二层平面图

占地面积 | 约73m²
建筑面积 | 约73m²
建筑层数 | 2层

正立面图

N

总平面图

0 1 2   4m

高近　卡房

占地面积 | 约220m²
建筑面积 | 约380m²
建筑层数 | 2层

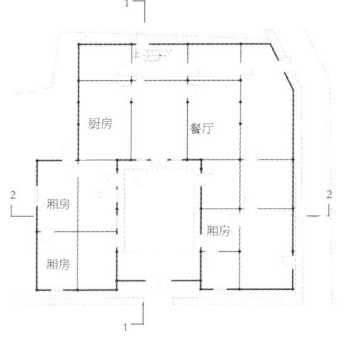

一层平面图

二层平面图

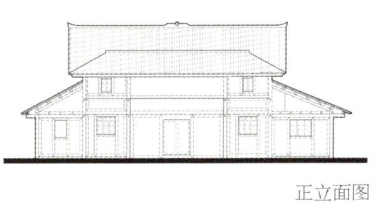

正立面图

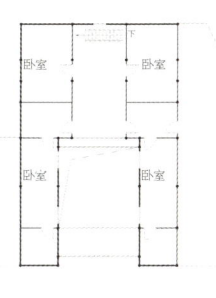

1-1剖面图

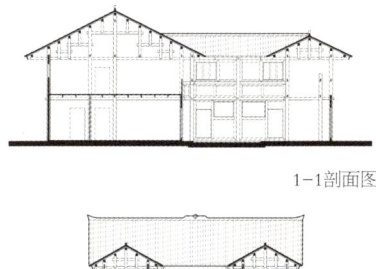

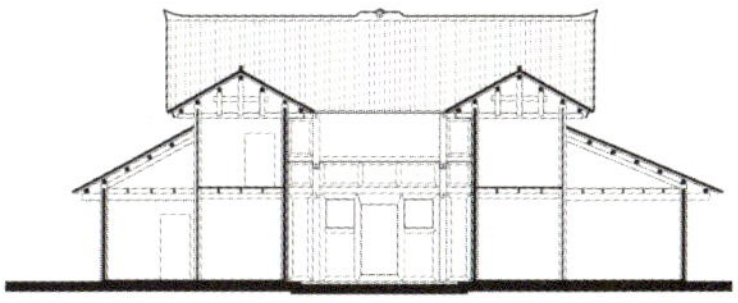

2-2剖面图

N

0 1 2 4m

总平面图

高近 四合院

地扪—罗大河谷

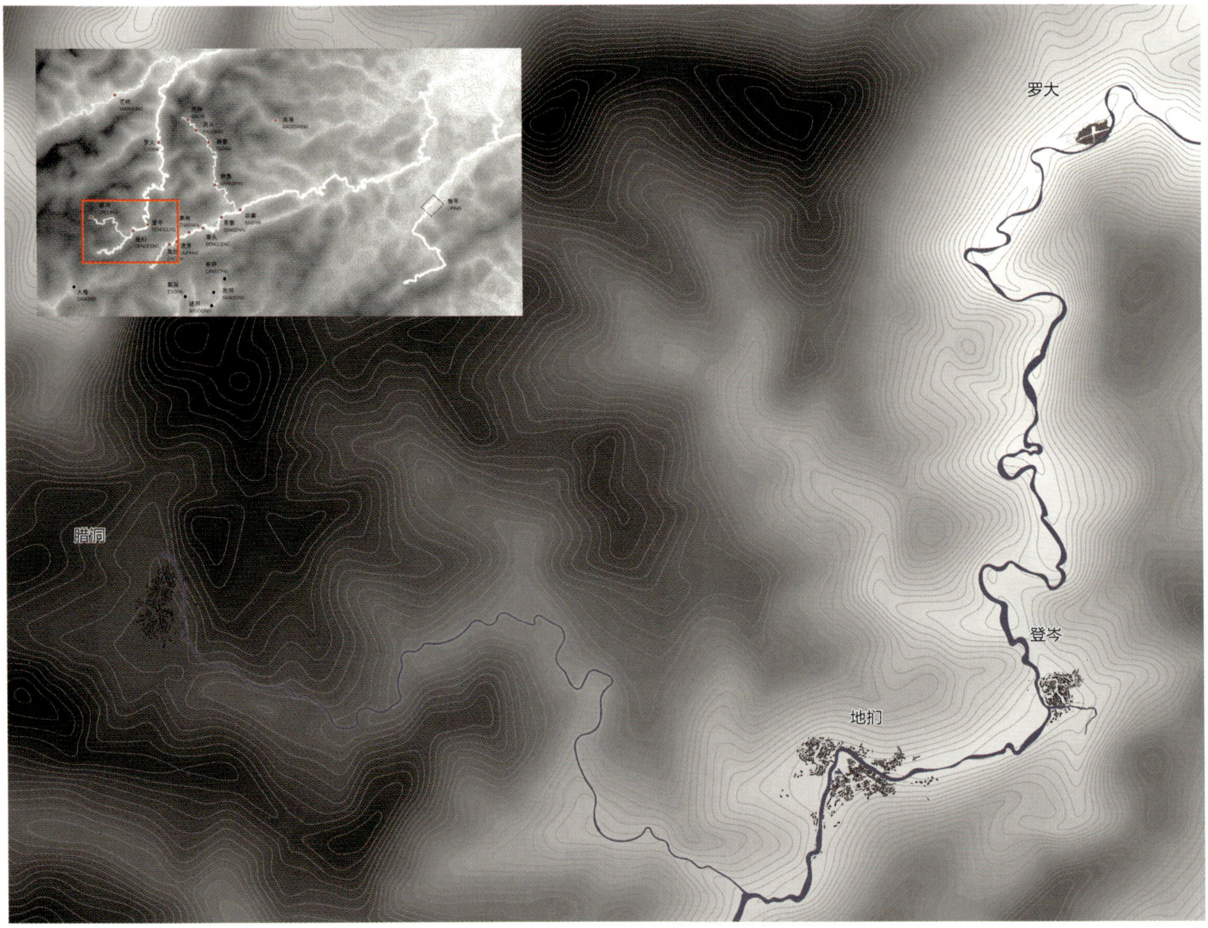

地扪—罗大河谷苗族聚落分布图

登岑鼓楼

总鼓楼
母寨鼓楼
宾寨萨坛
总萨坛
宾寨鼓楼
芒寨萨坛

图例

● 鼓楼
● 萨坛
— 风雨桥
● 水井
▲ 古树
⊙ 公共空间
▓ 民居
▬ 河流
--- 道路

腊洞

Ladong Village

区位：贵州省黎平县茅贡乡

海拔：约950m

坐标：北纬26.18°，东经108.82°

村庄（传统核心区）面积：11.32hm²

民族：侗族

人口：约1400人

Location: Maogong Town, Liping County, Guizhou Province

Altitude: c. 950m

Coordinate: N26.18°, E108.82°

Village (Historical Core) Area: 11.32hm²

Nationality: Dong

Population: c. 1400

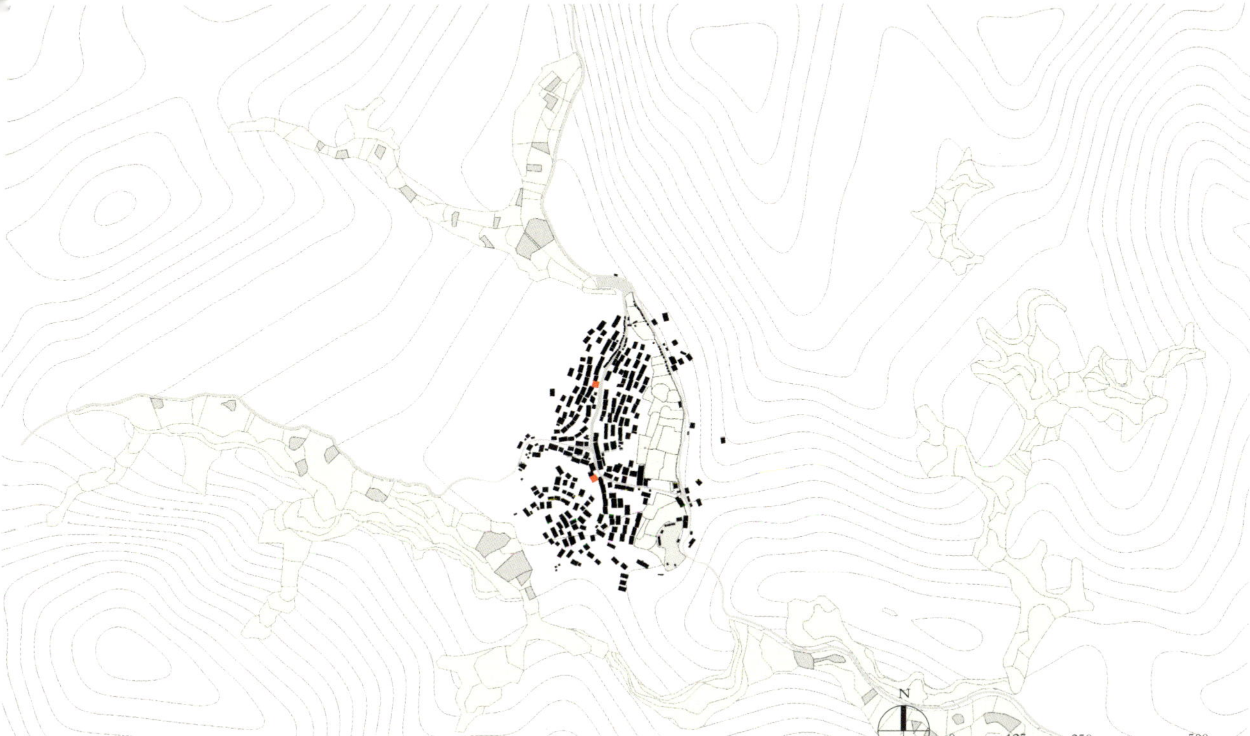

腊洞

登岑

Dengcen Village

区位：贵州省黎平县茅贡乡

海拔：约730m

坐标：北纬26.17°，东经108.85°

村庄（传统核心区）面积：12.2hm^2

民族：侗族

人口：约655人

Location: Maogong Town, Liping County, Guizhou Province

Altitude: c. 730m

Coordinate: N26.17°, E108.85°

Village (Historical Core) Area: 12.2hm^2

Nationality: Dong

Population: c. 655

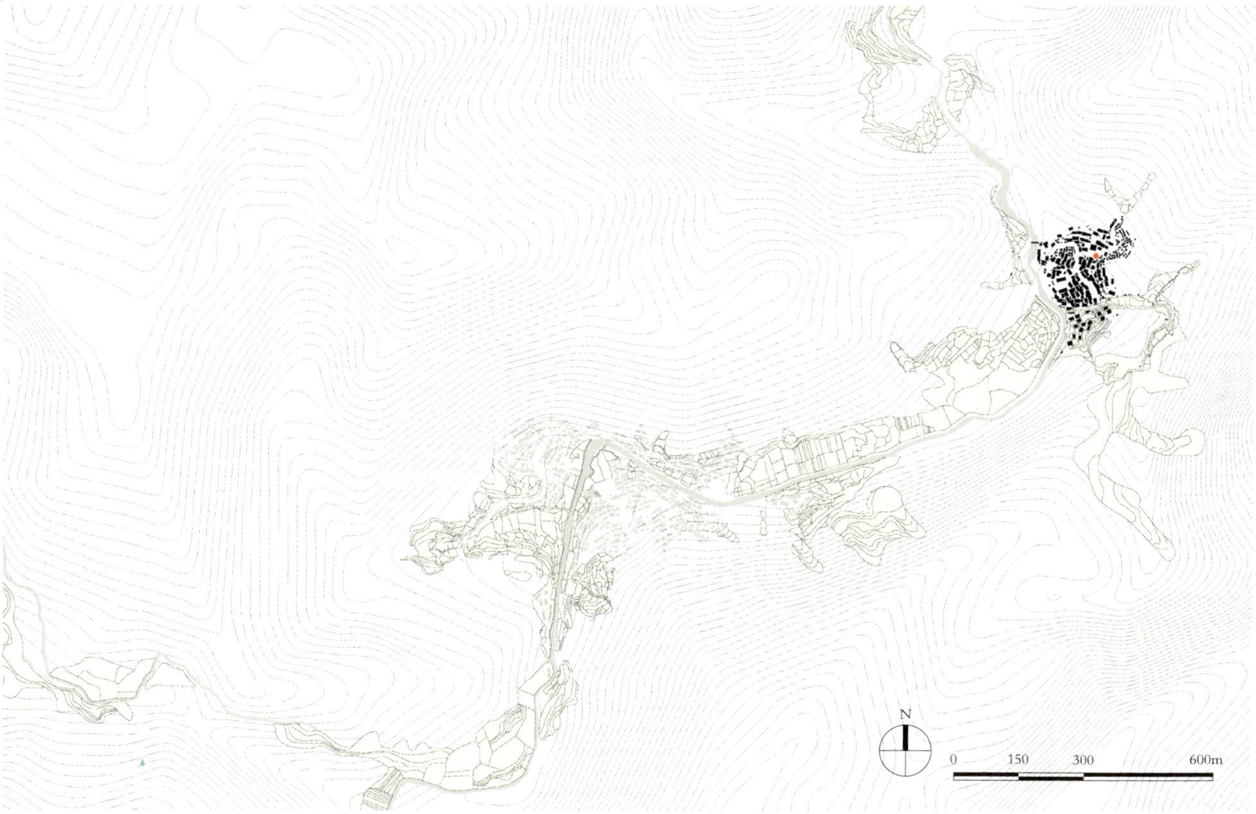

登岑

地扪

Dimen Village

区位：贵州省黎平县茅贡乡

海拔：约740m

坐标：北纬26.18°，东经108.87°

村庄（传统核心区）面积：24hm²

民族：侗族

人口：约2460人

Location: Maogong Town, Liping County, Guizhou Province

Altitude: c. 740m

Coordinate: N26.18°, E108.87°

Village (Historical Core) Area: 24hm²

Nationality: Dong

Population: c. 2460

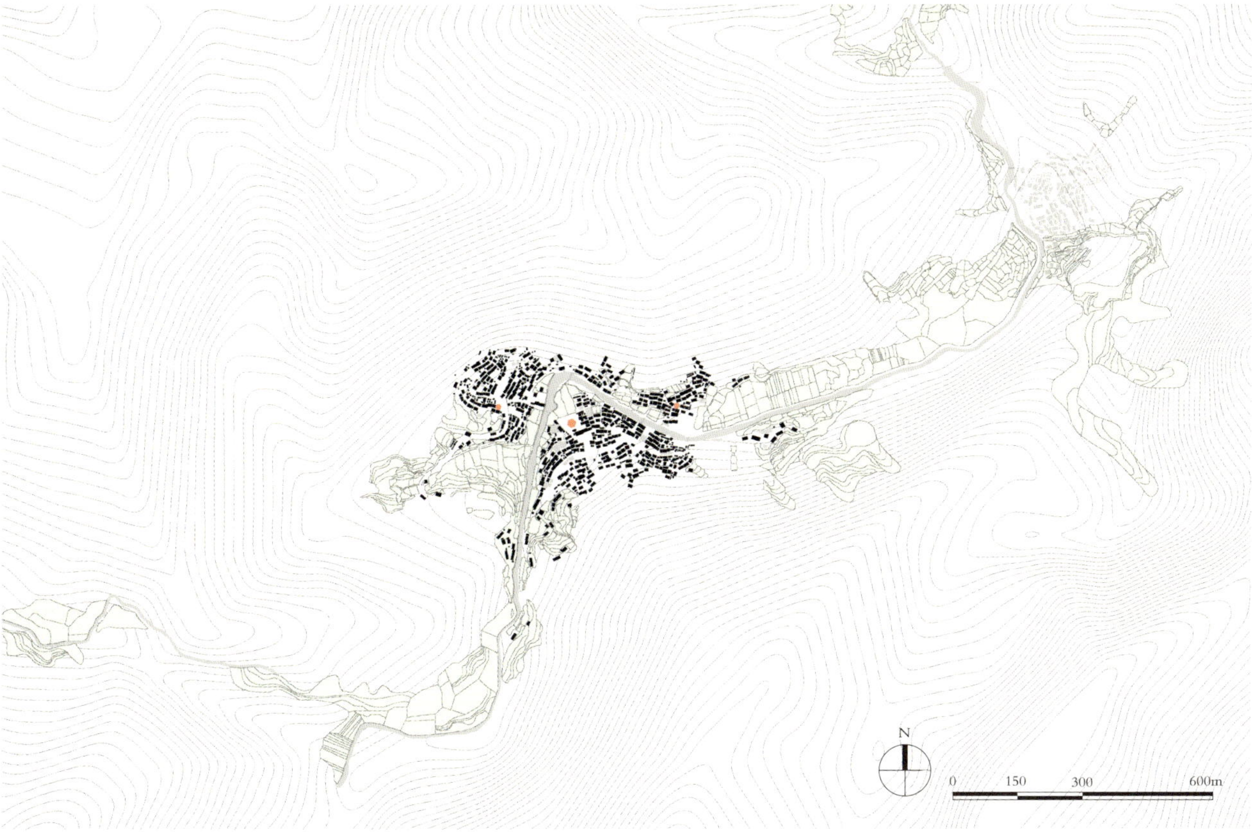

N

0   150   300   600m

地扪

田

村落 　水塘 　水井

河

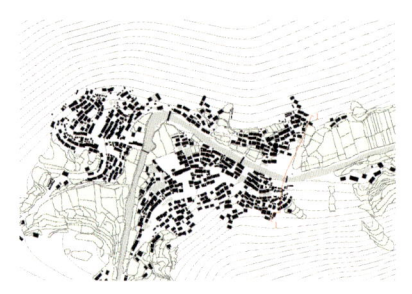

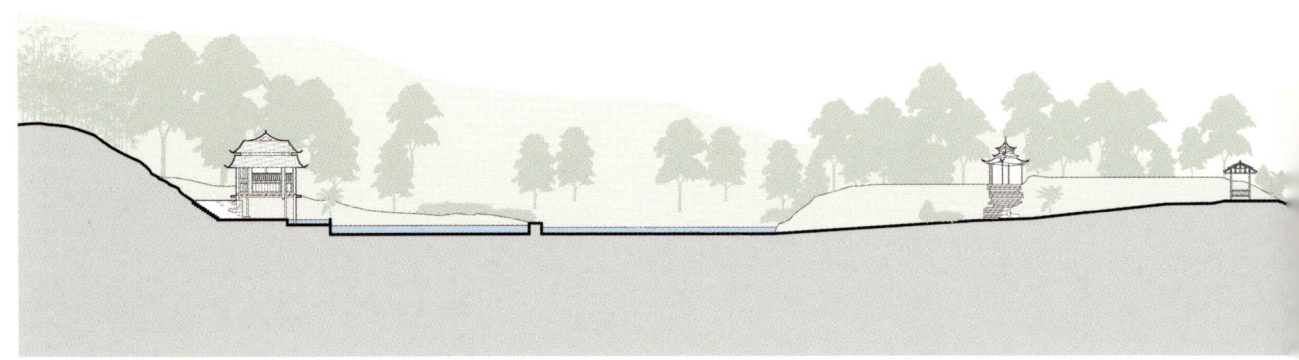

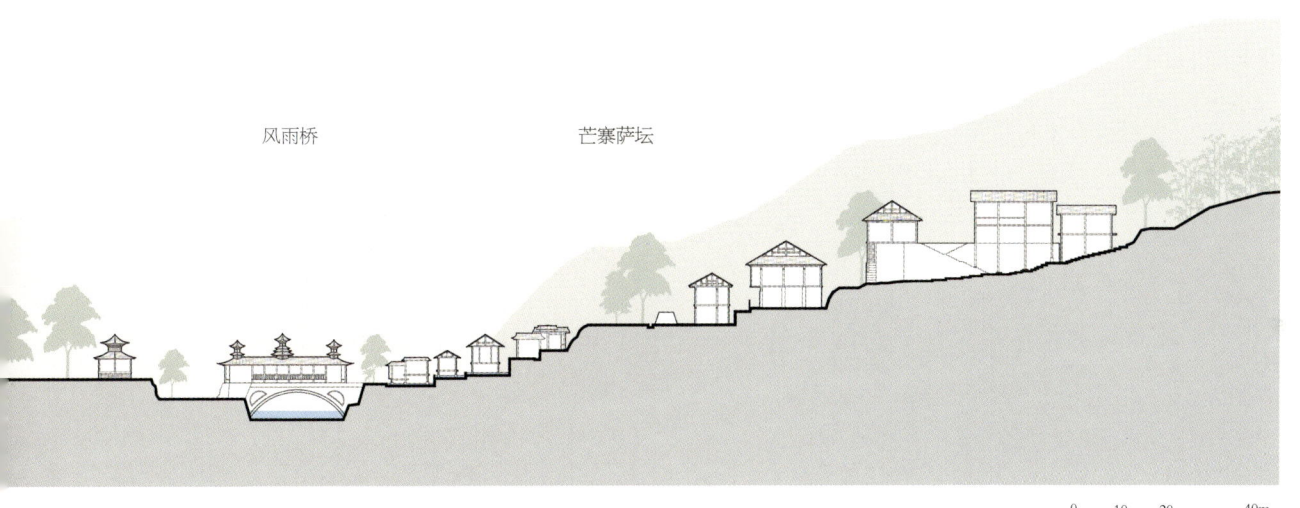

登岑粮仓群

粮仓

祠堂

鼓楼

萨坛

风雨桥

寨门

风雨桥

芒寨萨坛

0 10 20 40m

地扪剖面图

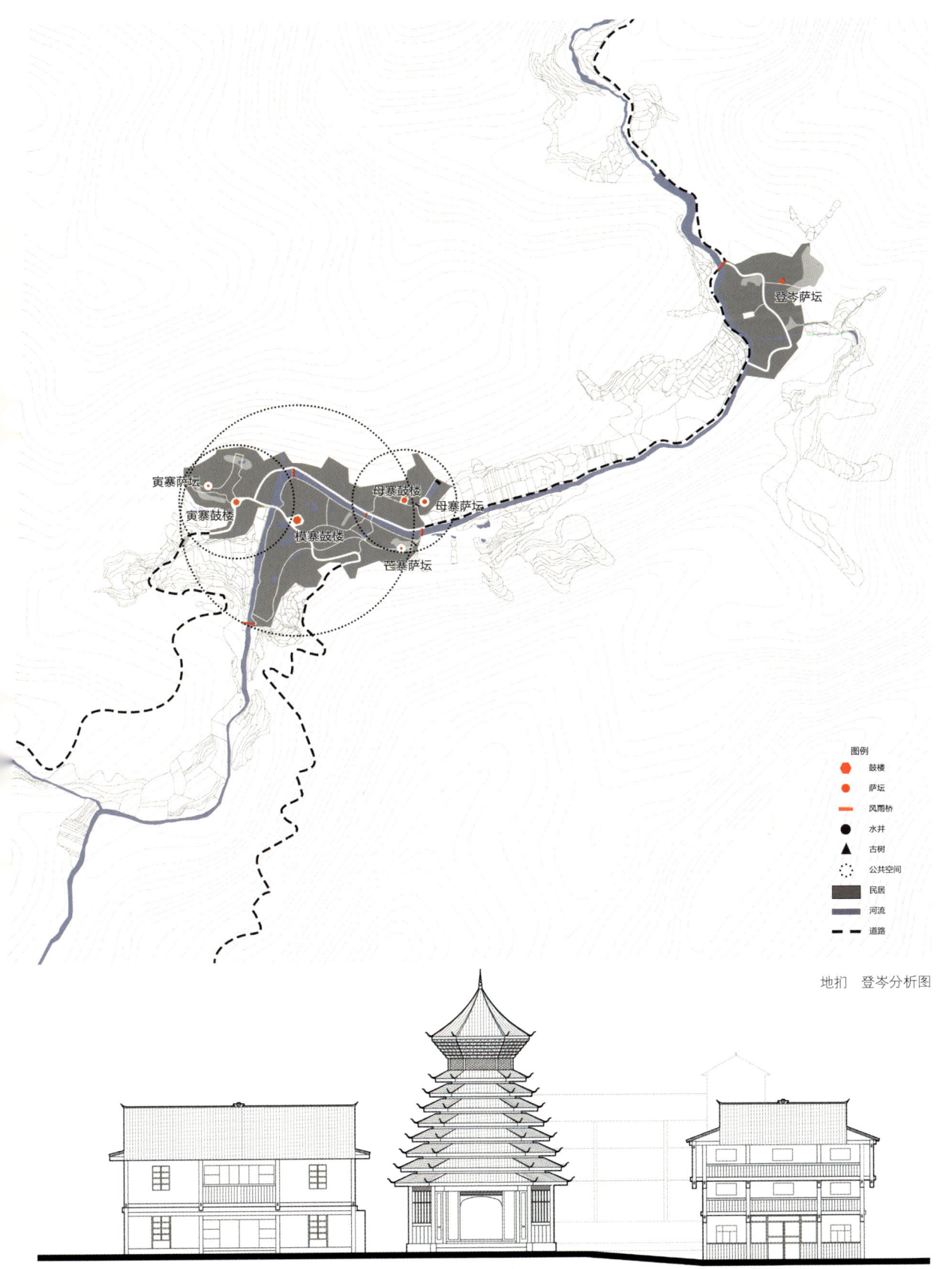

图例

● 鼓楼

● 萨坛

— 风雨桥

● 水井

▲ 古树

⋯ 公共空间

■ 民居

■ 河流

- - 道路

登岑萨坛

寅寨萨坛

寅寨鼓楼

模寨鼓楼

母寨鼓楼

母寨萨坛

芑寨萨坛

地扪　登岑分析图

南立面图

地扪　母寨鼓楼

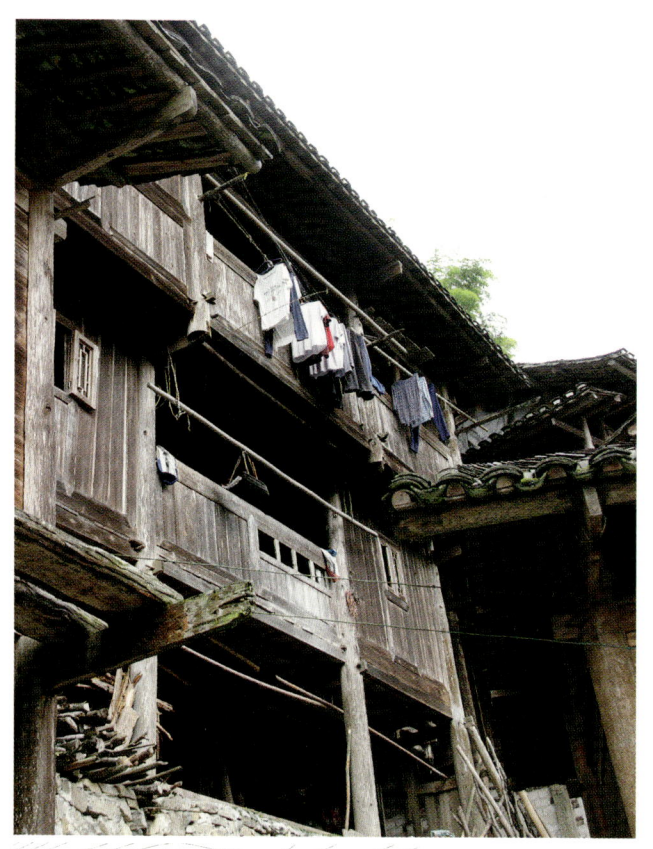

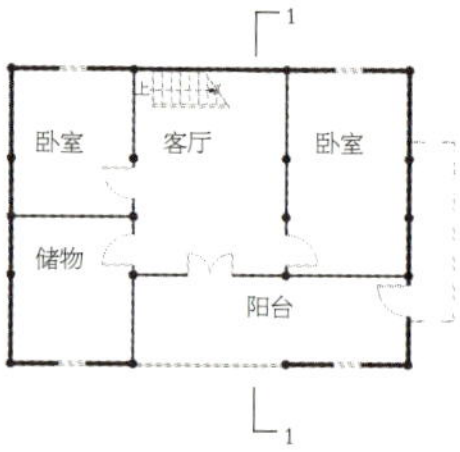

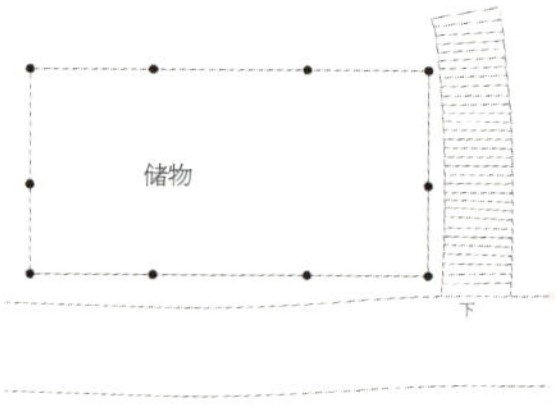

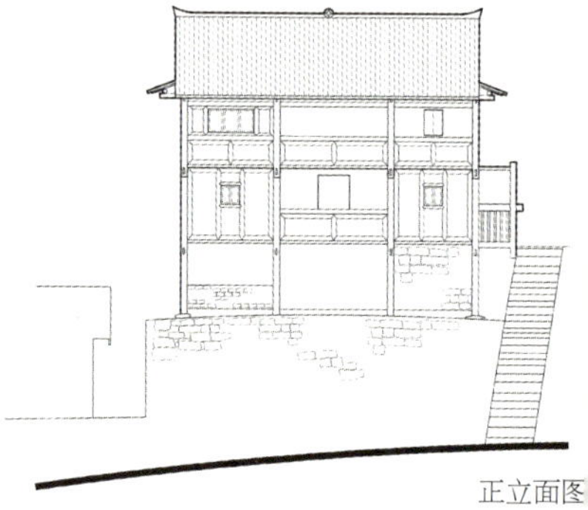

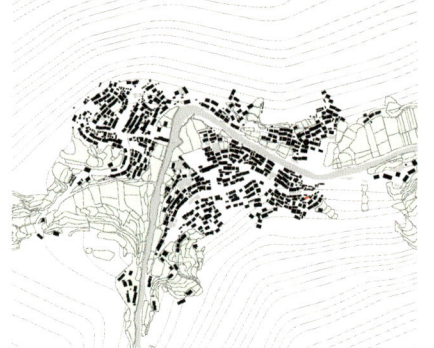

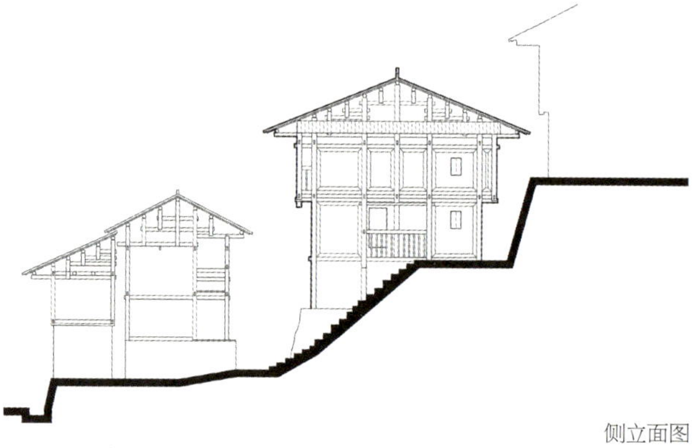

占地面积｜约58m²
建筑面积｜约127m²
建筑层数｜2层

N

总平面图

卧室
客厅
卧室
储物
阳台
1
1

一层平面图

卧室
卧室
卧室
阳台
下

二层平面图

储物

地下平面图

正立面图

侧立面图

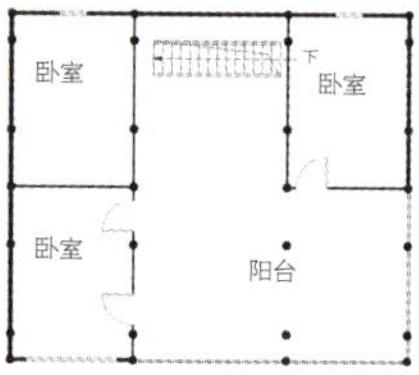

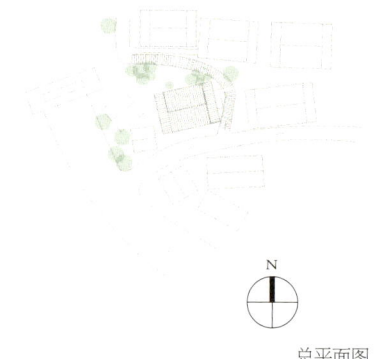

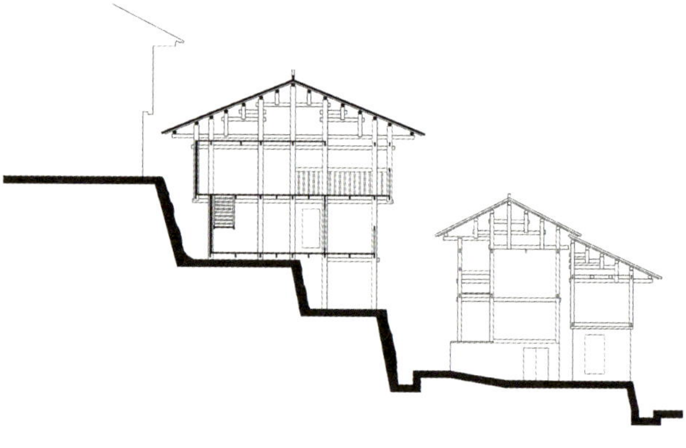

1-1剖面图

0 1 2 4m

地扪　吴全德宅

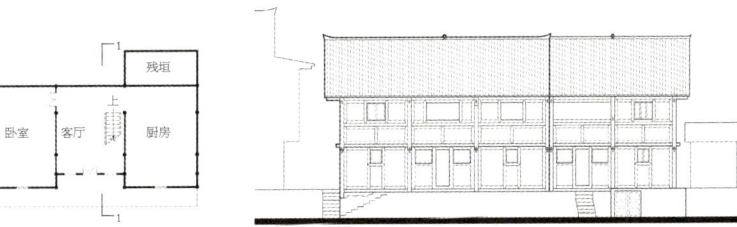

一层平面图

残垣
卧室　客厅　厨房
上

正立面图

占地面积｜约61m²
建筑面积｜约122m²
建筑层数｜2层

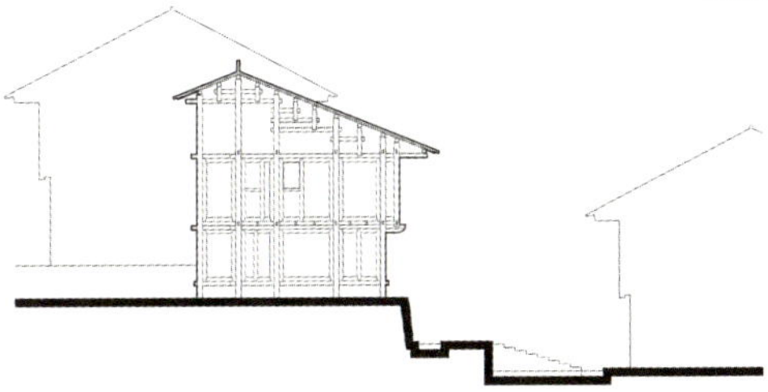

侧立面图

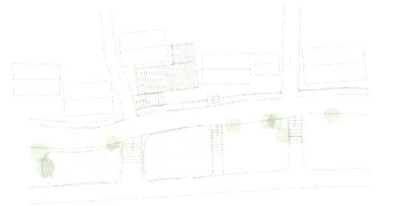

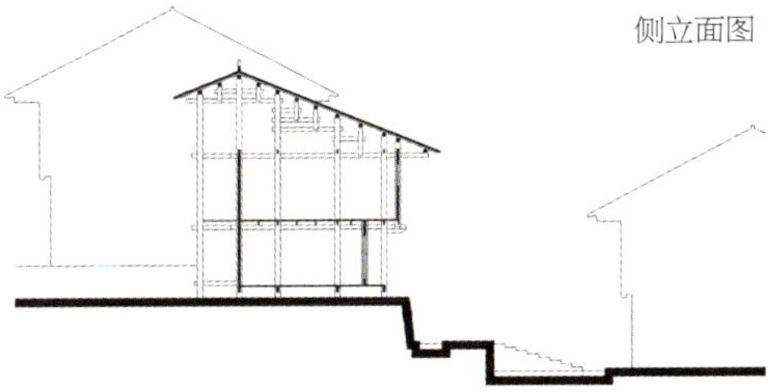

N

总平面图

1-1剖面图

0　1　2　　4m

地扪　吴金坤宅

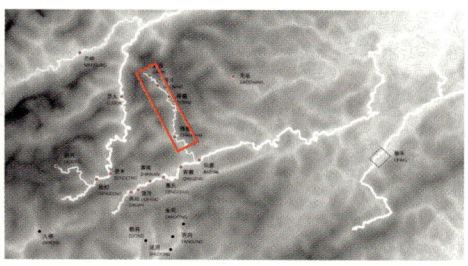

高兴

高西

陌寨

器寨

500m

寨堆

上土寨

蝉寨

下土寨

图例

民居

农田

路径

河流

下近

N

0　　500　　1000　　　　　2000m

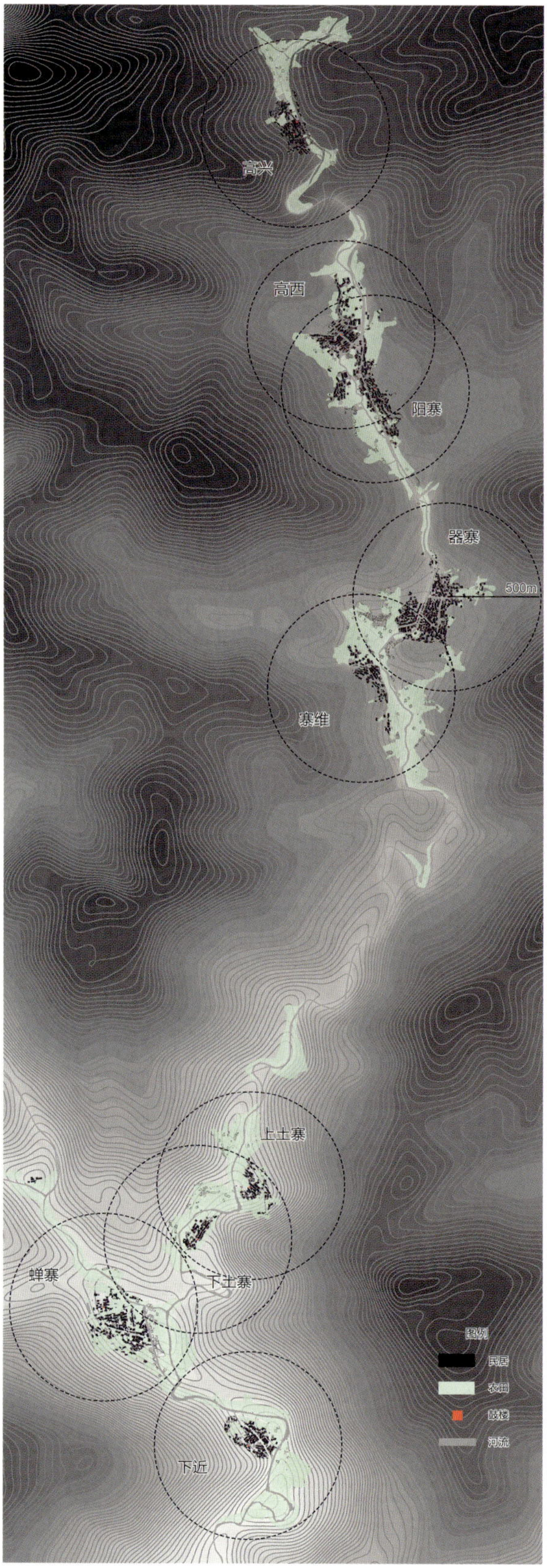

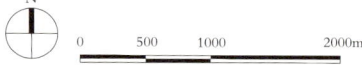

高兴—下近河谷侗族聚落分布

高兴—下近河谷苗族聚落航拍图

专题照片

河谷

塅冲河谷

朝利河谷

河谷

地打十一登岑河谷

河谷

高兴—蝉寨河谷

高近—坷寨河谷

河谷

四寨

天鹅山

增冲

高仟

高仟

留架

四寨

山

山

增冲

四寨

黄岗

占里

水

述洞

留架

岜扒

黄岗

黄岗

黄岗

岜扒

水

留寨

地扪

黄岗

银潭中下寨

银潭中下寨

高仟

高仟

岜扒

黄安

古里

地扪

水

124

墙冲

银潭中下寨

黄岗

述洞

地扪

占里

岜扒

高洞

银潭下寨

银潭下寨

林

林

127

田

田

堂安

留架

占里

银潭

银潭

银潭

银潭

堂安

高增

占里

村

述洞

地扪
村

聲安 | 枫香　画扒 | 黄连木　高近 | 枫香

留架 | 苦楝　高近 | 红豆杉　高近 | 香椿

地扪 | 小叶榕　留架 | 杉木

植物

占里｜刚竹　　占里｜芭蕉　　占里｜夜香树

黄岗｜毛楠　　高近｜柿　　高近｜梨

高近｜枣　　高近｜石榴　　述洞｜香檬

高近｜柿　　高近｜梨　　岜扒｜柳杉

植物

133

地扪｜蓖麻　　岩抓｜玉叶金花　　高近｜接骨木

留架｜吴茱萸　　高近｜花椒　　留架｜灰蓝

留近｜芡实　　留架｜蘧　　地扪｜莲

岩近｜水鳖　　黄岗｜凤眼蓝　　述洞｜美人蕉

植物

134

岜里｜裙陂草　　　　　　　鳞毛蕨｜井兰边草　　　　　　　高近｜棕叶狗尾草

留架｜地桃花　　　　　　　高近｜九头狮子草　　　　　　　占里｜薜荔

岜扒｜喀西茄　　　　　　　岜扒｜地稔　　　　　　　高近｜蝴蝶草

占里｜长毛黄葵　　　　　　地打｜忽地笑　　　　　　　高近｜接骨木

植物

135

留架

留架

占里

留架

占里

占里

黄岗

黄岗

粮仓

登岑

地扪

高近

银潭下寨

银潭下寨

地扪

地扪

粮仓

占里

占里

地打

占里

禾晾

银潭下寨

黄岗

黄岗

黄岗

黄岗

禾晾

卢團

留架

四寨

银潭下寨

堂安

地扪

高兴

高近

风雨桥

高迁

朝利

增冲

增冲

则里

银潭

鼓楼

银潭　　　　　　占里　　　　　　岜扒

黄岗　　　　　　黄岗　　　　　　黄岗

鼓楼

黄冈

四寨

堂安

地扪

高近

述洞

鼓楼

四寨

登岑

留架

银潭

鼓楼

高迁

银潭

邑扒

黄岗

黄岗

高兴

鼓楼

四寨 增冲 占里

述洞 高迁

火塘

堂安 高兴 则里

述洞 高近

戏台

147

居民

居民

下篇／专题研究

第 1 章

聚落分布特征及其影响因素

本章作者：陈笋，高梦瑶，周政旭

摘要：本章以黔东南地区黎平、从江、榕江三县范围内的侗族聚落为研究对象，依据文献资料提取出1437个侗族聚落，基于GIS地理信息系统分析侗族聚落的空间分布特征，同时综合运用叠置分析法等方法揭示区域侗族聚落形成的影响因素，并基于聚类分析划分了区域侗族聚落选址类型。结果表明：（1）区域侗族聚落整体上呈集聚分布模式，呈现出"大分散、小集中"的空间格局，其中东南部的黎平县、从江县的交界处是南侗地区侗族聚落分布的核心聚居区；（2）区域侗族聚落主要分布在高程350～800m之间、坡度20°以内、地形起伏度45～195m之间，有略微的朝南布局的倾向，同时距离河流500m以内、距离道路300m以内、距离中心乡镇3000～9000m之间是侗族聚落的主要聚居区；（3）依据高程、坡度、地形起伏度、与河流的最近邻距离，结合实地调研，可将区域侗族聚落选址划分为河谷平坝型、山间谷地型、山腰坡地型3种类型。

1.1　引言

侗族聚落在漫长的演化过程中形成了独具特色的建筑和景观风貌，展现出丰富而典型的民族文化内涵[1,2]。因不同的区位、政治、经济等背景，侗族形成了"北侗"和"南侗"两部分聚居地，南侗地区大多属珠江上游的都柳江流域，保存了更为原生态的民族文化，其聚落空间特征更为突出。

南侗地区涉及黔东南、桂北、湘西等地区[3,4]，在黔东南地区以黎平、从江、榕江三县为核心聚居区。在该地区的祭祖歌曲中，记载着侗族祖先由广西梧州、江西吉安等地迁徙至此的经过[5]，结合语言、宗教信仰、建筑、服饰、音乐等领域的研究佐证，这一历史过程已经得到学界的广泛认同与补充：祖先属百越族系，在远古时期定居于珠江水系中下游地区的河网平原地带，在战国时期因自然资源供给不足、技术限制、战乱纷争等原因西迁至粤桂地区，在唐以后又沿着浔江、黔江、柳江、融江、都柳江一线溯河而上，最终在黔湘桂毗邻地区定居下来，整体的迁徙路线历经了从河网平原，经浅山丘陵，到山地河谷的转变。侗族先民在保持"稻作农耕"的生计模式基础上，适应性地改变自然环境和自身属性，逐渐形成了当下的聚落特征[6]。

学界对该地区侗族聚落的关注始于20世纪七八十年代民族学者的考察[7,8]。当前，关于侗族民居建筑、聚落形态、文化景观、旅游开发等方面已积累了丰厚的研究基础，但多聚焦于典型聚落的样本分析，对区域尺度的统计分析则受限于聚落数据的可获取性而尚不全面，研究对象局限于各级传统村落。鉴于此，本文以黔东南地区黎平、从江、榕江三县为研究区域，建立了完整的侗族聚落地理空间数据库，通过全面的空间统计和高分辨率卫星影像图分析，定量刻画该地区侗族聚落的空间分布特征，揭示侗族聚落空间分布的影响因素，划分侗族聚落的关键类型，以期为黔东南南侗地区侗族聚落的整体性保护与发展提供补充与参考。

1.2 对象、数据与方法

1.2.1 研究对象与数据来源

本章以黔东南苗族侗族自治州黎平、从江、榕江三县范围内的侗族聚落为研究对象。黎平、从江、榕江三县位于黔东南自治州东南部，地跨东经108°04′~109°31′，北纬25°16′~26°08′，总面积约13500km²。该区域地处云贵高原向湘桂丘陵盆地过渡地带，境内山峦延绵，沟壑纵横，平地稀少，海拔最高1676m，最低122m。区域地处长江珠江分水岭，降水充沛，山溪密布，河流多以珠江水系上的都柳江为主干，呈树枝状分布于各地，少部分属长江水系上的清水江流域。

本章的研究数据来源主要包括：（1）村镇点数据，依据《贵州省从江县地名志》《贵州省黎平县地名志》《贵州省榕江县地名志》等文献资料提取出1437个侗族聚落，将其与现状卫星影像比对后，在ArcGIS中人工确定聚落点空间位置，由此建立南侗地区侗族聚落数据库；（2）区域高程数据，来源于美国国家航空航天局（NASA）公布的2009年L波段ALOS PALSAR（2006–2011）雷达数据（https://search.asf.alaska.edu），从中提取12.5m分辨率的DEM数据；（3）河流、道路、中心乡镇数据，来源于2017年国家1∶25万基础地理数据库（https://www.webmap.cn/）；（4）典型样本数据，来源于实地测绘和航拍。

1.2.2 研究方法

（1）平均最近邻近指数

平均最近邻近指数（ANN）利用点状要素与其最近邻要

素之间的平均距离与假设随机分布中的邻域间的平均距离之比来判断要素的空间分布类型[9, 10]。

（2）核密度估计

核密度估计法（Kernel Density Estimation）是一种非参数密度估计方法。它假设地理事件可以发生在空间的任一地点，但是在不同的位置上所发生的概率不同；点密集的区域事件发生的概率高，点稀疏的地方事件发生的概率就低[11]。该分析方法可用于计算点状要素在周围邻域的密度，可以显示出空间点较为集中的地方。

（3）叠置分析

叠置分析是将同一地区的两组或两组以上的要素进行叠置，产生新的特征的分析方法[12]。本章将侗族聚落的地理位置信息与高程、坡度、坡向、地形起伏度、河流、道路、中心乡镇等空间数据在ArcGIS中进行叠加分析，统计聚落不同因子的频数分布，解释聚落空间分布的规律性特征。

（4）聚类分析

聚类分析是空间数据挖掘中一种重要的算法，基本逻辑是将具有相同或者相似性质的对象放在同一个集合中，把具有不同性质的对象放在不同的集合中[13]。本章采取K-均值（K-Means）聚类法，其算法的核心思想是找出K个聚类中心c_1，c_2，……，c_K，使得每一个数据点x_i和与其最近的聚类中心c_c的平方距离和被最小化（该平方距离和被称为偏差D）[14]，适用于在聚类的类别数已确定的情况下，高效地对大型数据集进行分类。

1.3 结果分析

1.3.1 侗族聚落空间分布特征

本章运用平均最近邻指数（ANN）和核密度图来综合描

述黔东南南侗地区侗族聚落空间分布的集聚性和聚落密度的空间分布。

（1）根据平均最近邻近指数计算公式得到黔东南南侗地区侗族聚落的平均最近邻指数为0.768（表1-1），对应的P值<0.01，Z得分<-2.58，置信度为99%，表明区域侗族聚落整体上呈集聚态势。

黔东南侗族聚落平均最近邻比率   表1-1

聚落个数	平均观测距离	预期平均距离	平均最近邻指数	Z值	P值	分布模式
1437	1177.53m	1532.88m	0.768	-16.81	0.00	集聚分布

（2）黔东南南侗地区的侗族聚落密度分布总体呈现出"大分散、小集中"的空间格局，具有显著的地域差异，在地理空间上表现为"东高西低"的分布特征。其中，东南部的黎平县、从江县的交界处是南侗侗族聚落分布的核心集聚区，其侗族聚落密度最大达到0.5996个/km²，对周边地区的辐射作用明显，黎平县的西北部也形成了一个密度较大区域，达到0.4444个/km²，此外另有7个区域侗族聚落密度达0.2634个/km²，而从江县西南部、榕江县南部侗族聚落则分布较少。

1.3.2 侗族聚落形成的影响因素

（1）地形影响

地形是黔东南南侗地区侗族聚落空间选址的重要考虑因素[6]。本章选取高程、坡度、坡向、地形起伏度四个因子进行统计分析。借助ArcGIS软件将研究区域侗族聚落点与区域地形因子叠加，可统计出聚落的各因子特征。

①区域侗族聚落高程频数统计具有正态分布特征，其偏态系数（Skewness）为0.108，略大于0，中值（Median）为563.00，均值（Average）为557.791。有1068个侗族聚落分布于高程为350～800m之间的区域，占比74.3%；有228个侗族聚

落分布于高程为0～350m之间的区域，占比15.9%，相对不多；仅有9.8%、141个侗族聚落分布于高程大于800m以上的区域，这也是南侗地区平地面积较少的缘故。

②区域侗族聚落坡度频数统计具有正偏态分布特征，其偏态系数为0.572＞0，中值为14.4，均值为15.2，有73.8%、1060个侗族聚落分布于坡度小于20°的区域，可见区域侗族聚落明显倾向于坡度较低的区域，较高的坡度不利于聚落的营建。

③区域侗族聚落坡向频数统计中各值的聚落数量都较为均匀，并无明显的高值聚集区，但在坡向15°～60°区域，即朝向东北方向的聚落数量相对较少，而在坡向120°～270°区域，即朝向东南、南、西南的聚落数量相对较多，可见区域侗族聚落有朝南布局的倾向，但并非十分显著。

④本章依据黔东南地区的聚落尺度，选取500m×500m的矩形邻域作为地形起伏度计算的基本单元，得出区域侗族聚落地形起伏度频数统计具有正偏态分布特征，其偏态系数为0.884＞0，中值为120，均值为126.38。地形起伏度小于45m的区域相对较少，也仅有1.9%、27个侗族聚落分布于地形起伏度小于45m的区域，有83.10%、1194个聚落分布于地形起伏度在45～195m的区域，仅有15.03%、216个聚落分布于地形起伏度大于195m的区域，可见区域侗族聚落选址明显倾向于地形起伏度较小的区域，但区域平地的稀缺使得地形起伏度过低区域的聚落数量并不多。

综上，黔东南地区侗族聚落主要分布在高程350～800m之间，坡度20°以内，地形起伏度45～195m之间，有略微的朝南布局的倾向。

（2）河流影响

借助ArcGIS软件将区域内侗族聚落点与河流叠加并统计聚落点与河流的最近距离，可得出聚落与河流的关系。区域侗族聚落与河流的最近距离频数统计具有指数分布特征，其中值为216.95，期望值（平均数）为367.55，标准差为373.15。有61.73%、887个侗族聚落与河流的最近邻距离小于300m，有15.87%、228个侗族聚落与河流的最近邻距离在300～600m之间，有10.79%，155个侗族聚落与河流的最近邻距离在600～900m之间，仅有11.62%，167个侗族聚落与河流的最近邻距离大于900m，可见区域侗族聚落与河流关系密切，基本沿河500m内分布。

（3）交通影响

运用ArcGIS统计区域内侗族聚落点与道路的最近邻距离，得到聚落点与道路的最近邻距离频数统计图，其频数统计具有指数分布特征，其中值为177.23，期望值（平均数）为230.50，标准差为294.73。有1109个聚落与道路的最近邻距离小于300m，占77.17%，此外，有12.46%、179个侗族聚落与道路的最近邻距离在300～600m，仅有10.37%、149个侗族聚落与道路的最近邻距离大于600m，可见侗族聚落也多沿道路分布，此外也说明道路在南侗地区的覆盖面广。

（4）中心乡镇影响

本章运用ArcGIS统计区域内侗族聚落点与三县的乡镇点的最近邻距离，得到聚落点与中心乡镇的最近邻距离频数统计图，该频数分布具有正偏态分布特征，偏态系数为0.655＞0，中值为6263.41，均值为6662.37，有984个侗族聚落与中心乡镇的最近邻距离集中在3000～9000m，占68.48%。

1.3.3　侗族聚落典型选址类型及特征

聚落的区位和周边环境是影响聚落选址和聚落类型形成的最重要因素，依据综合性和可操作性原则[15, 16]，本章选取聚落点的高程（x_1）、坡度（x_2）、地形起伏度（x_3）、与河流的最近邻距离（x_4）四项指标作为聚落类型聚类分析的基础数据。借助统计分析软件SPSS将上述指标进行聚类分析计算，先对数据进行Z-score标准化，消除原来各指标的量纲，再选取了聚类数为2、3、4、5分别进行K−均值聚类。结合区域侗族聚落特征，笔者认为聚类数为3时区域侗族聚落类型的划分较为显著和合理，结合实地调研，笔者将区域侗族聚落划分为河谷平坝型、山间谷地型、山腰坡地型3种类型，最终统计了3种类型侗族聚落的高程、坡度、地形起伏度、与河流的最近邻距离信息（表1−2）。

　　河谷平坝型的侗族聚落主要分布于河流冲积而成的平坝，平坝长度数公里不等，宽度普遍约数百米，部分较大平坝可达1～3km。高程较低，在151～955m之间，平均高程为461m，地势平坦，平均坡度为10°，平均地形起伏度为93m。距离河流较近，与河流的平均最近邻距离为174m，水流量相对较大

聚类数为3时区域侗族聚落信息统计 表1−2

		河谷平坝型	山间谷地型	山腰坡地型
聚落个数（单位：个）		687	456	294
高程（x_1）（单位：m）	最大值	955	1083	1153
	最小值	151	249	336
	平均值	461	606	708
	中值	463	599	705
坡度（x_2）（单位：°）	最大值	28	48	34
	最小值	0	6	3
	平均值	10	23	15
	中值	10	22	14
地形起伏度（x_3）（单位：m）	最大值	179	360	273
	最小值	8	57	52
	平均值	93	165	145
	中值	92	162	144
与河流的最近邻距离（x_4）（单位：m）	最大值	1024	971	2134
	最小值	1	1	283
	平均值	174	275	963
	中值	139	236	933

且水势平缓之地最适宜水稻种植为主的农业耕作。聚落规模有大有小，呈团状或带状，相互间距从数百米至1km不等，民居多位于平坝边缘地带，以留出有限的平整土地用于农业生产，典型的平坝如车江大坝、贯洞—洛香—皮林河谷、丙妹—高增河谷、高安—地坪河谷、高近—坝寨河谷、洛香—肇兴河谷等，是侗族聚落营村建寨的首选之地。如处于高近—坝寨河谷的高近村，处在坝子上游，高程为662m，坡度为8.5°，地形起伏度为124m，建筑与亮江之间留有缓冲距离作为面向河道的公共道路或庭院，或者开垦出傍水的农田，聚落沿着河流延伸，方向性明确；地扪村同样是典型的河谷平坝聚落，河流自南向东北流去冲积出西南—东北朝向的坝子，坝子宽约200~500m，长约2000m，地扪最初选址于河流西北山脚地带，高程为714m，坡度约0°，地形起伏度为86m，对岸留出可耕作土地，使得建筑与农田均可获得良好日照，后建筑逐渐向对岸扩张（表1–3）。

南侗地区侗族聚落选址类型及典型样本　　　　　表1–3

	典型特征	典型样本信息	典型样本航拍	典型样本平面
河谷平坝型	聚落分布于河流冲积而成的平坝之间，高程较低，地势平坦，距离河流较近，水量较大且水势平缓，适宜农业耕作，聚落沿河呈团状或带状分布	高近村，高程662m，坡度8.5°，地形起伏度124m，与河流距离14m		
		地扪村，高程714m，坡度约0°，地形起伏度86m，与河流距离122m		
山间谷地型	聚落分布于山间小型盆地，周边地势相对较陡，多有小溪或河流流经盆地，农田依山就势散布山间，聚落受到多方交汇的地势、水势的多方向牵引呈团状、带状、指状分布	黄岗村，高程715m，坡度9.9°，地形起伏度77m，与河流距离42m		

	典型特征	典型样本信息	典型样本航拍	典型样本平面
山间谷地型	聚落分布于山间小型盆地，周边地势相对较陡，多有小溪或河流流经盆地，农田依山就势散布山间，聚落受到多方交汇的地势、水势的多方向牵引呈团状、带状、指状分布	银潭上寨，高程631m，坡度10°，地形起伏度54m，与河流距离810m		
		增冲村，高程616m，坡度4.5°，地形起伏度72m，与河流距离20m		
山腰坡地型	聚落分布于山腰向阳坡，高程普遍较高，地形多为缓坡，少有平地，距离河流较远，常有小型山溪流经聚落，农田以梯田的形式成片分布，聚落规模较小，常沿等高线呈团状或带状分布	堂安村，高程813m，坡度5.5°，地形起伏度195m，与河流距离1029m		

　　山间谷地型的侗族聚落主要位于山中，高程在249～1083m之间，平均高程为606m，四周一般由山岭围合，形成规模数十亩至数百亩的盆地，盆地形状不一，周边地势相对较陡，平均坡度为23°，平均地形起伏度为165m，一般有小溪或河流流经盆地，聚落与河流的平均最近邻距离为275m，此类聚落受到多方交汇的地势、水势的多方向牵引，形成了团状、带状、指状等形状不一的平面态势。同时，其农田以梯田的形式散布山间，形状破碎，且与聚落仍有一定距离，典型的代表聚落有黄岗、银潭上寨、银潭中下寨、增冲等。如黄岗高程为715m，四周被高山围合，坡度为9.9°，地形起伏度为77m，仅有北侧一侧为出水口；银潭上寨高程为631m，坡度为10°，地形起伏度为54m，建筑沿着狭长的盆地而建，由此形成的聚落呈现出指状分布；增冲高程616m，坡度为4.5°，地形起伏度为72m，山体和河流围合出较为规整的盆地，形成了团状分布的聚落，聚落边界明显。

山腰坡地型的侗族聚落主要位于山腰向阳坡，高程在336～1153m之间，平均高程为708m，为三类中最高。地形多为缓坡，平均坡度为15°，平均地形起伏度为145m，少有平地，建设空间局限，因此聚落规模一般较小。山腰坡地型聚落距离主要水系较远，与河流的平均最近邻距离为963m，但能利用周围的小型山溪作为生活及灌溉用水。在聚落外围依山就势开垦梯田，此外，此类聚落一般出现时间较晚，多在山地塘—渠灌溉技术与梯田修造技术相对成熟之后才出现，往往也由周边河谷平坝聚落生长或分化而成，是侗族聚落扩张的结果。肇兴侗寨周边的堂安、厦格、纪堂便是典型代表。如堂安侗寨由肇兴侗寨分化而成，地处肇兴侗寨以东8km的山腰上，高程813m，坡度为5.5°，地形起伏度为195m，顺着等高线有带状分布的趋势，其耕地共700余亩，其中梯田450亩，占耕地面积的2/3[17]。

1.4 结论与讨论

本章通过文献资料提取黔东南州南侗地区黎平、从江、榕江三县的侗族聚落点位，建立了黎、从、榕三县侗族聚落数据库，借助空间分析和聚类分析等方法，分析了区域侗族聚落空间分布特征，将其与地形、河流、道路、中心乡镇叠加，判断各因素对区域侗族聚落的影响，并采用聚类分析方法对区域侗族聚落进行了类型划分，得出以下结论：

（1）黔东南南侗地区的侗族聚落整体上呈集聚分布模式，呈现出"大分散、小集中"的空间格局，同时具有显著的空间差异性，表现出"东高西低"的分布特征，其中东南部的黎平县、从江县的交界处是南侗地区侗族聚落分布的核心聚居区，其聚落密度最大达到0.5996个/km²，对周边地区的辐射作用明显。

（2）不同的地理要素对南侗地区侗族聚落的影响迥然不

同。侗族聚落主要分布在高程350～800m之间，坡度20°以内，地形起伏度45～195m之间，有略微的朝南布局的倾向；侗族聚落有沿着河流、道路分布的明显趋势，有73.56%的聚落与河流的最近距离小于500m，有77.17%的聚落与道路的最近距离小于300m；侗族聚落与中心乡镇的最近邻距离集中在3000～9000m，占68.48%。

（3）依据聚落所处环境可将区域侗族聚落选址划分为河谷平坝型、山间谷地型、山腰坡地型3种类型。河谷平坝型聚落分布于河流冲积而成的平坝之间，高程较低，地势平坦，距离河流较近，水量较大且水势平缓，适宜农业耕作，聚落沿河呈团状或带状分布；山间谷地型聚落分布于山间小型盆地，周边地势相对较陡，多有小溪或河流流经盆地，农田依山就势散布山间，聚落受到多方交汇的地势、水势的多方向牵引呈团状、带状、指状分布；山腰坡地型聚落分布于山腰向阳坡，高程普遍较高，地形多为缓坡，少有平地，距离河流较远，常有小型山溪流经聚落，农田以梯田的形式成片分布，聚落规模较小，常沿等高线呈团状或带状分布。

本章从区域尺度基于大样本量，结合文献、田野调查，定性和定量分析了黔东南南侗地区侗族聚落的空间分布特征、影响因素与类型，突破了以往以单个或多个典型样本为研究对象的定性分析的局限性，对精确刻画侗族聚落格局、特征和机制，推动村镇格局优化具有一定的参考价值。在全球化和快速城镇化背景下和乡村振兴国家重大战略需求下，黔东南南侗地区侗族聚落机遇与挑战并存，一方面面临着生态韧性不足、居住品质不高、地方特色流失等问题与挑战，另一方面也蕴含着生态保护、生计转型、文化传播等发展机遇[1]，在这一前提下，相关研究应探索聚落在新时代下的可持续发展之路，促进乡村聚落人居环境质量的提升。

参考文献

[1] 周政旭. 贵州少数民族聚落及建筑研究综述[J]. 广西民族大学学报（哲学社会科学版），2012，34（4）：74-79.

[2] 蒙晓情. 文化涵化背景下南北侗文化差异研究[D]. 贵阳：贵州财经大学，2016.

[3] 冼光位. 侗族通览[M]. 南宁：广西人民出版社，1995.

[4] 廖君湘. 南部侗族传统文化特点研究[M]. 北京：民族出版社，2007.

[5] 石若屏. 浅谈侗族的族源与迁徙[J]. 贵州民族研究，1984（4）：75-88.

[6] 周政旭. 贵州南侗地区山地聚落人居环境营建初探[J]. 城市与区域规划研究，2016，8（1）：112-136.

[7] 张民. 从《祭祖歌》探讨侗族的迁徙[J]. 贵州民族研究，1980（2）：71-82.

[8] 邓敏文. 略论侗族南北文化差异的历史根源[J]. 民族论坛，1986（3）：62-65.

[9] 王劲峰，廖一兰，刘鑫. 空间数据分析教程[M]. 北京：科学出版社，2010.

[10] 张素丽，佟宝全，郝晶晶. 内蒙古正蓝旗聚落发展演变（1933—1983）[J]. 经济地理，2018，38（10）：163-169.

[11] 梁步青，肖大威，陶金，等. 赣州客家传统村落分布的时空格局与演化[J]. 经济地理，2018，38（8）：196-203.

[12] 吴风华. 地理信息系统基础[M]. 武汉：武汉大学出版社，2014.

[13] 杨浩. 基于SPSS的聚类分析在行业统计数据中的应用[D]. 长春：吉林大学，2013.

[14] 孙吉贵，刘杰，赵连宇. 聚类算法研究[J]. 软件学报，2008（1）：48-61.

[15] 郭晓东，马利邦，张启媛. 陇中黄土丘陵区乡村聚落空间分布特征及其基本类型分析——以甘肃省秦安县为例[J]. 地理科学，2013，33（1）：45-51.

[16] 单勇兵，马晓冬，仇方道. 苏中地区乡村聚落的格局特征及类型划分[J]. 地理科学，2012，32（11）：1340-1347.

[17] 孙兆霞，曾芸，卯丹. 梯田社会及其遗产价值——以贵州堂安侗寨为例[J]. 中国农业大学学报（社会科学版），2015，32（6）：58-68.

第 2 章

聚落人居营建过程、格局与机制

本章作者：杨憬铭，江远婧，周政旭

摘要：本章将贵州省都柳江地区视作一个以多个小流域人居基本单元构成的人居文化区，选取都柳江流域、河谷小流域、聚落三个不同尺度的嵌套空间作为研究对象，梳理、总结都柳江地区侗族聚落人居环境系统的营建过程、空间格局与机制。研究发现：侗族人居的产生与发展，经历了迁徙、选址、初辟、经营、调适、拓展到建立社会组织的全过程；侗族人居作为复杂系统，在多尺度嵌套空间中形成了差异化的空间格局，并最终形成耦合自然、社会、文化等各系统的"聚落-人居基本单元-人居文化区"层级体系格局；侗族人居在时空演化过程中，各组成要素互相影响适应，在动态耦合机制的作用下，都柳江流域人居系统最终完成由完全自然环境向"自然-人工"耦合的人居环境的转变，并由此形成独具特色侗族村寨人居。

2.1　引言

聚落是人类生产生活与自然环境系统相互作用的产物，是研究人居环境特征及其机制的主要对象[1-3]，其中部分聚落具有重要的遗产与文化景观价值[4]。中国西南山地聚落因所处自然环境的复杂性、民族构成的多样性与社会经济发展的不均衡性，在面临严峻的压力和挑战的同时，也在适应自然、改造自然的过程中积累出丰富、独特的人居环境营建智慧，侗族聚落是其中的典型代表[5]。黔东南地区是侗族最为集中的聚居区，占全国侗族总人口的40.8%。民族学者根据自然地理与文化特征，以清水江为界划分出南侗和北侗文化区[6]，南侗地区主要为黎平、从江、榕江等县，大部分位于都柳江流域（图2-1）。南侗地区的侗族文化、生态系统保存较好，聚落与民居特色也更加突出[7]，本章主要针对贵州省都柳江流域的南侗聚落开展研究。

对于侗族聚落的研究最早可以追溯到20世纪初人类学家、建筑学家对西南地区的考察研究。自20世纪80年代起，关于侗族民居的研究开始涌现，罗德启等通过对侗民居类型、建造技术及其文化内涵进行详细研究[8]，伍家平以地理学视角对侗族聚落的形成原因进行探究[9]。21世纪以来，有关侗族聚落更为整体性的研究开始出现，李建华、夏莉莉提出了对于西南地区聚落文化生态层级的理论[10]；周政旭从建筑学、人类学、形态学等研究视角，研究侗族聚落的空间演变与自然环境、生计模式之间的关系[5]。此外，有关空间形态、文化景观、公共建筑的研究逐步丰富，包括蔡凌等对侗文化圈的村落空间形态归纳拟定结构[11]；覃彩銮等将侗族聚落中鼓楼、风雨桥等公共建筑结合建筑学、人类学进行了更深入的分析[12]。建筑学、城乡规划、风景园林、民族学、人类学视角下的侗族聚落研究蓬勃发展，不同视角的研究对认识侗族传统聚落产生了重要影响。但是总体而言，现有的研究成果

偏重村寨和民居个案的研究，以聚居区域作为一个相对完整
的自然地理单元和人文单元来开展的多尺度的聚落人居环境
研究还相对较少。此外，由于田野调查不足以及历史图纸资
料的缺乏，对于聚落形成、发展与变迁的回溯性研究也较少，
限制了对侗族传统人居营建过程与规律的讨论。

2.2　研究对象与研究方法

2.2.1　研究区域

传统上的南侗地区包括贵州省黔东南苗族侗族自治州
中黎平、从江、榕江3县，人口1060415人，其中侗族人口
563432人，占53%，是侗族传统聚落风貌和民族文化保存最
为完整的地区。该区域内有超过200个村寨列入国家传统村落
保护名录，其中绝大部分为侗族村寨，是传统村落数量最多、
分布最为密集的地区。为研究方便，本研究选取黎平、从江、
榕江三县境内都柳江流域部分为研究对象（图2-1）。该地区

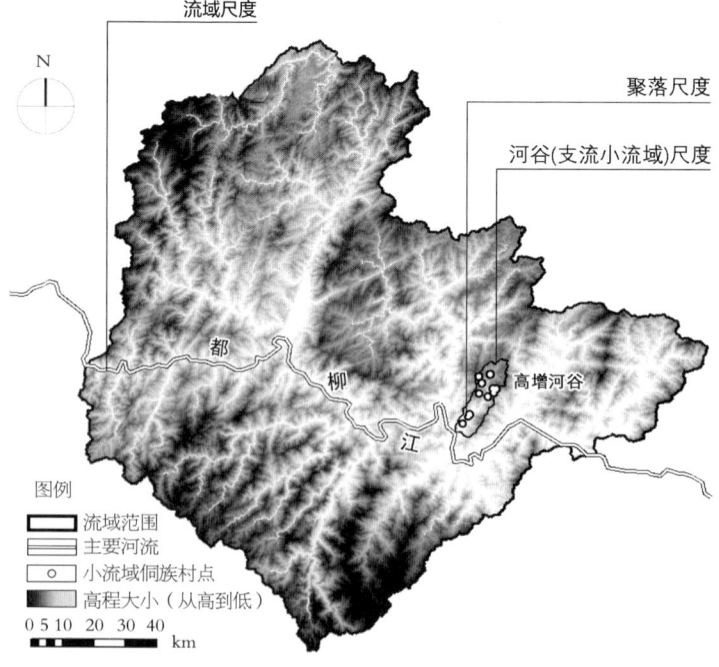

图2-1　研究区域及文化区—人居单元—
聚落3重研究层次

总面积约7840km²，区域内都柳江及其支流切割地形严重，地表起伏破碎，平地稀少且主要集中于各支流中下段河谷地带。

2.2.2 研究方法

在研究尺度上，本研究注重多尺度空间的嵌套和相互作用。对于聚落人居环境研究，选取合适的研究单元非常重要，同时需要注重各层级间的相互关系[13]，针对某一特定对象，需要从上一层次，以更广阔的视野、更整体的观点来进行研究。例如，"人居生态单元""海岛人居单元"[14]"聚落—聚落区域"[5]等为此提供了聚落尺度之上的借鉴。在单元尺度之上，往往还有更大范围的具有共同特征和规律的区域作为整体观察的层级，例如亚区—区—大区的聚落景观区划[15]、聚落及民居文化区[16]。在地域共性与特性结合、空间层级嵌套的思想下，本研究将都柳江流域的南侗地区视作一个以多个小流域人居单元所构成的人居文化区，并选取聚落、河谷小流域、都柳江流域三个不同尺度的嵌套空间作为研究对象。

在研究方法上，借助多学科研究方法梳理都柳江流域侗族聚落选址、定居与发展的过程及关键要素，在此基础上开展格局与机制分析。在聚落尺度上，通过实地调研典型侗族聚落案例，运用形态学、类型学方法，结合民族志文本分析总结其在形态演变与空间格局中的共性规律。在河谷（小流域）层面上，通过考据相关历史文献，与河谷自然环境、聚落体系等综合开展研究，解析其影响因素、营建过程与空间特征。在流域层面，通过历史地理、RS/GIS地理空间分析等方法，梳理南侗都柳江人居文化区尺度空间特征的形成过程与结构特征（图2-2）。

2.2.3 数据来源

本章使用的数据主要包括空间数据与历史信息资料。其中，空间数据主要包括：中国科学院计算机网络信息中心地

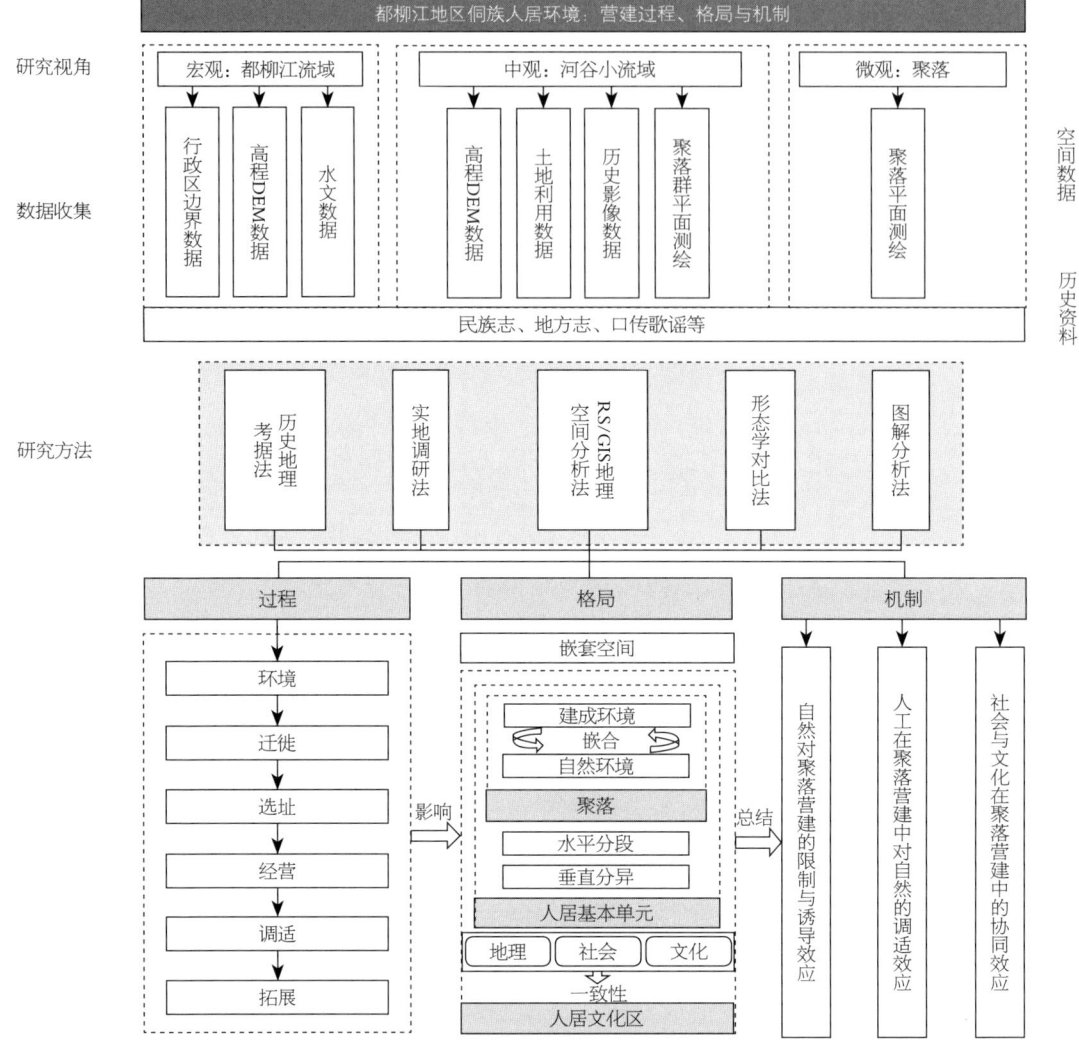

图2-2 研究框架

理空间数据云30m分辨率数字高程DEM数据（http://www.
gscloud.cn）、国家1：100万公众版基础地理信息库中的地图
行政边界数据（https://www.webmap.cn）、全国1：25万公众
版基础地理数据水系数据（https://mulu.tianditu.gov.cn/）、中
国科学院地理科学与资源研究所2020年30m土地覆被数据
（https://www.resdc.cn/）、美国KH-4B卫星1969年2m分辨率
黑白影像（https://earthexplorer.usgs.gov/），以及研究团队在
2017—2020年期间通过实地踏勘测绘得到的聚落分布、典型聚
落及其所处环境、重要建筑场所以及民居的测绘图纸及三维

扫描信息等数据。

历史信息资料则主要包括三类：一是《侗族简史》《侗族文化史料》《侗学研究》《九寨民俗》《六洞、九洞侗族村寨》等民族志资料；二是研究地区不同年份、不同市县的地方志材料，包括光绪《黎平府志》《从江县志》等；三是以《侗族古歌》为代表的口传歌谣、口头叙述相关资料。

2.3　侗族人居的产生与发展

人居，首先是人类聚居生活的地方，是与人类生存活动密切相关的地表空间，是人类在大自然中赖以生存的基地[13]，同时也有人类在居住方面的实践活动[17]之意。人居的产生与发展，是人在特定的环境中选择合适的地点，营建家园并持续发展的过程。对于都柳江地区侗族人居而言，是侗族祖先从外部沿水系向上游迁徙，选取都柳江流域合适地点开展营建活动并延续至今的过程，同时也是最终形成的当前流域成百上千个相互联系、特色鲜明的侗族村寨、村寨体系及区域环境的结果。

2.3.1　环境

都柳江发源于贵州高原东南部，夹峙在雷公山与月亮山之间。在侗族未迁来之前，这里曾经历过漫长的海浸历史，在强烈地壳运动后才逐渐形成陆地，形成与"两山夹峙一线天"的险峡河谷[18]。该地区雨量充沛、气候复杂，具有群山环抱、沟壑纵横的流域环境，都柳江及众多支流，形成若干小规模的冲积平坝，成为耕作和定居的主要支撑。以外围群山为屏障，沿河分布的小块平坝与源源不断的稳定水源为人类的定居与繁衍奠定了基础。

2.3.2 迁徙

根据史学界的一般共识，侗族是由古代百越的一支发展而来，秦汉时期称为"骆越"[7]。都柳江地区的侗族古歌合集里，也广泛流传着广西梧州、江西吉安一带为侗族祖先原始定居点的传说[19]，如"我们侗族祖先，落在什么地方？就在梧州那里，就在浔江河旁。"促使侗族祖先离开数年来生存的生活环境、背井离乡踏上迁徙之路的原因在古歌中有所记载，可总结为人口增加、自然灾害、技术限制以及战乱纷争等[5]。在从江县高增寨传唱的《寻祖宗歌》中有"各村挤满了人，遍山布满了土地"的叙述，从江县摆共等地亦有"父母健壮儿成群，吃不饱来穿不上，只因地少人多难养活"，共同反映了在人口繁衍的背景下，当地土地不足导致侗民无处可居、无地可耕的局面。《祖源歌》中所记载的"茫茫大地棉不好，宽宽田坝禾不旺"等，则进一步揭示出自然灾害导致的当地环境恶化或遭遇自然灾害，农作物生长不佳，使得侗族先民失去了生存繁衍的基础。此外，战乱与纷争，也使得侗族原居住地的生计遭到破坏，"打进了潭溪九保，进寨来抢，进村来烧，从此以后，父亲丢了屋基，儿子弃了村寨"，各部族只好被迫搬离，另寻定居之地。

在选择迁徙路线时，侗族先民们普遍"沿河而上"[20]，沿着浔江—黔江—柳江—融江—都柳江一线溯河而上，最终抵达都柳江流域，在通往各支流的河口处弃船登岸，寻找可栖居的地点[21]。其中，古歌与民族志中对于侗族先民的上岸河口、定居地点与扩展情况均有着较详细的记载。例如，在巴洛河口上岸、定居在贯洞、皮林、四寨等地的侗人，后又顺洛香河而上不断迁徙建寨，最终扩展形成如今毗邻黎平、从江的"六洞"地区，以及侗族人自银潭定居后、沿四寨河发展迁徙而形成的"九洞"地区等[20, 22]。在漫长的历史过程中，侗族先祖在都柳江流域内完成了由河口至支流的不断迁徙与扩展，形成了大量聚落，使得众多的侗族人民得以在此繁衍生息。

2.3.3　选址

选址是定居最为关键的步骤之一，也是人们基于周围环境的深入踏勘所作出的判断与谋划。其中，正如古歌所唱："要找那山坡有树、田有水、能够养活儿孙的地方"，以山、林、水、田为主的自然环境要素是侗族聚落选址的重要依据。

南侗地区多山，在地形上有着"山溪险阻，四围俱山"，"水带山牵，林深箐密"的特点，侗人在建寨时，周边的山体不仅可以阻挡住风的直接吹入，为聚落提供一个良好的微气候环境，也具备一定的安全防御作用，满足了侗族人在饱受战乱之害下对聚落选址的防卫性需求。靠近山林的选址一方面能为侗族人就地取材，营建居所提供条件，"那里山冲有大树，长得粗又直，正好起房屋"，另一方面也可以有效防止水土流失，减轻当地的旱涝风灾，具有生态价值。此外是水的因素，水源可以为侗族人提供基本生活需要，也是满足生产灌溉的必要条件，需要寻找"滔滔河水源远流长，高坡高岭井水不断，坡田坝田蓄水汪汪"之地定居；以及田的因素，在"九山半水半分田"的地理环境下，侗族聚落的可耕种土地显得更加稀有珍贵，不仅需要考虑不同地理位置的开垦难度，还需要综合土质、水质、日照、气温等具体因素共同判断。

综合考量各方面条件后，随着开发时间、开发程度的不同，侗族先祖在都柳江地区逐渐形成河谷平坝、山间谷地、山腰坡地三种不同类型的选址营聚模式。其中，靠近水系的河谷平坝区不仅依山傍水，能提供可开垦的土地，也便于居民利用水源改造水系，以此循环改善微气候，因此成为河谷内部聚落营建的首选地，被称为"宅前平坝好插秧，寨后青山好栽树"，也呼应了《黔记》中"洞（侗）人皆在下游"的记载。

2.3.4 经营

确定好基本的选址后，则需要通过对土地的整理与利用、对水系进行梳理并营建灌溉沟渠等经营手段，来适宜侗族人的生活与居住。

其一，对土地的分类、整理和利用。由于侗族聚居地往往地形陡峻、河谷纵横，将可耕作土地进行高效利用变得格外重要。如《侗族祖先哪里来》中有云，"巴洛河口上了岸，看见这里是个好落处：周围地方宽，能开田和土。这里阳光灿灿出棉花，这里田土湿润长禾谷。"可见，河谷平坝地带地势平坦，空间开阔，其淤积土壤中还含有大量腐殖物，为天然肥沃的土质，适合耕种。因此，在对平坝地区河床、河岸的冲刷变化进行考察后，侗族先祖摸索出了稻田耕地与住宅营建的基本原则[11]：一是水流切线的对岸易冲积形成缓坡地带，土地也会随时间而聚积，适合开垦为耕地；二是二阶台地虽距离河岸较近，且取水方便，但易受到汛期与湿气浊流影响，因此往往作为宅基的立地之处[23]，并与耕地形成俯视与辐射的关系。而到了地势较高处，侗民则就地取材，填埋土石，通过构筑梯田的方式对坡地进行改造，将平坝农耕文化移植到山地环境中，建立起山地稻耕的生计模式。

其二，对于水系的充分利用。有水方能营田，河谷地带雨水充沛，山峦纵横的地理条件也促使雨水汇集于低谷，形成沟壑交错的溪流。然而，单凭雨水无法保证鱼塘、稻田长年所需的巨额用水量。因此，在完成耕地的开垦后，聚居于河谷地区的侗民为将平坝的沃土尽可能用于农业生产，常将住房建于与平坝、河流相近的山麓，在临近河流的平坝地带开垦农田，采取人工分流改道的措施对水源加以利用。此外据《黔南识略》记载，侗人"于山溪水涧中筑水坝，挽水上流，或设水车以灌之"，即利用水势较缓的山间溪流、开凿堰塘、掘取泉井，缓解用水压力。总而言之，当耕田所处位置高于河流时，侗族人民便修筑水坝，提高水位，分流河水，分配水资源；当遇到在河段急处时，便通过架设水车来调节水量，将之用以灌溉农田[24]。而在向山坡进发的过程中，侗族人民在分引溪流利用山溪资源的同时，还需要通过其他手段在山坡谷地水资源较少的情况下调蓄水源。因此，侗民保留了对平坝水源的利用方式，将易涨易落的山溪水改造成水面相对平稳的山间沼泽，建设水塘；在谷地中建设梯田并于田中开泄水口，通过塘田相通、水渠交错、枧槽纵横，使坡地溪水得以相连驻村，分水储水，用以浇灌稻田，饲养家鱼；再利用水位高差，于村寨内外掘取山泉，勾连水渠。通过上述种种方式，侗族人民在山腰坡地及山间谷地也逐渐形成了适应山地的水环境系统，解决了灌溉与生活用水的需求。

此外，由于侗区耕地存在着诸如处在森林荫庇下日照不足的劣势，大量稻作物成熟期较长，为了能够保证在有限的耕地开垦条件下获得最大的农业产出，实现自给自足，侗族人民在长期的生产实践后还总结形成了一定的生产程序与方法，发展出了"种植一季稻、放养一批鱼、饲养一群鸭"的稻—鱼—鸭共生系统，以实现一田多用、优化生态系统等多重目的。

2.3.5　调适

聚落人居时刻处于动态演进状态中。在不断应对灾害、人地矛盾的过程中，聚落人居也获得新的发展。例如，聚落营建之初的开辟与改造对于山林原生生态系统产生着一定程度上的影响，在认识到山林的脆弱性与不可破坏性后，侗族人民形成了遵循取物不尽、取之有度、用之以时的自然法则[25]，在村寨的水源涵养区设禁止砍伐的"风水林"或"护寨林"，在山麓地带则预留草坡带用于放牧，兼备防火的作用[26]。对于其他地区的树林，侗民们则采取"林粮间作"、间伐、轮伐的方式节制使用，并利用当地得天独厚适宜杉木速生丰产的条件，开创了人工造林（大片杉林）较早的历史。同时，许多侗寨还流传着营造"儿孙林"的习俗，保持着植树造林、爱林护生的生态思想，使得山林能够实现自我更新。

2.3.6 拓展

随着侗族的世代繁衍与其他宗族支系的迁入，人口发展与用地紧张的矛盾不断加剧，聚落的自然承载力趋于饱和，新增人口与迁徙而来的支系不得不开始向外拓展、寻求新的居住环境。河口平坝地区在开发殆尽后，侗族支系则开始循着支流向内迁徙，一部分来到山冲细、河湾窄的山间谷地定居，在盆地中开辟田野，引入溪流作为灌溉途径；其余的侗民则朝山上发展，在向阳的山腰坡地停驻，以山泉作灌溉与生活用水。

自然承载力较大的河谷宽坝地区为侗民们继续向外呈放射状发展、建立起多个以鼓楼为中心的建筑组团提供了空间条件，如地扪侗寨、肇兴侗寨等大寨即由母寨向多组团逐步分化、融汇、发展，逐渐构成大型聚落[27]。而河谷窄坝区由于可利用土地较少，发展空间受到限制，在扩张到一定规模后，部分人口被迫迁出，开始向山坡、高山发展[28]，有的坐落于山腰，有的则迁徙至半山之上，在山谷之间的狭长盆地定居。这些次级定居村寨受到地形的限制，住宅组团在进一步扩张与演进时则更多沿山势扩展，空间起伏自由。与此同时，侗族在与自然的长期互动中完成了生态适应过程，同时产生了具有社会适应性的组织结构，与聚落空间体系相互耦合。与大部分稻耕民族相似，侗族聚落最初是由血缘关系的家族定居发展而来[27]，并逐渐形成血缘—地缘共同体，在社会组织上形成了名为"款"的自治结构，其建立在家庭的空间单位之上，以村寨为起点，合数村为小款，联数款为"大款"，与侗族人居的空间体系相适应。

　　总体而言，侗族"人居"的产生与发展，经历了迁徙、选址、初辟、经营、调适、拓展到建立共同体的漫长过程（图2-3），展现了侗族先民利用自然、梳理土地的方式，以及在严峻的生存压力下极富创造力的生存智慧。

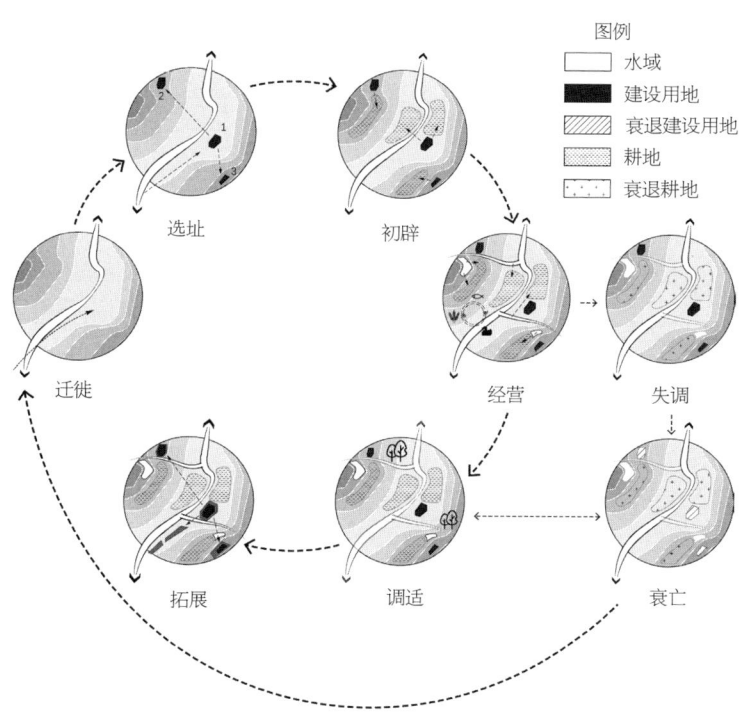

图2-3　侗族"人居"产生与发展过程

2.4　侗族人居的多尺度空间格局

　　经过人居营建、汰选与调适的漫长过程，侗族人民最终在都柳江流域建立起了具有地方性与动态稳定性的人居系统，其空间格局在"聚落、河谷小流域、都柳江流域"三个不同的尺度中彼此嵌套，相互联系，形成统一的有机整体。

2.4.1　聚落层次

　　聚落的空间主要由内部建成环境要素与外部自然环境要素共同构成[13]。迁徙至不同环境的侗族聚落为了应对生存压力，逐渐形成以"山—水—林—田—村"为基本格局的人居环境。虽然地形、水文等存在差别，聚落空间布局及组织稍有差别，但空间格局的整体性较强。同时，在当地的社会组织"款"的影响下，聚落中的建成环境要素又具有明显层级性的空间组织关系[29]。自然环境与建成环境的协同构成了侗族典型的聚落空间格局（图2-4），其特征可具体概括如下。

首先，侗族聚落建成环境的空间格局表现出高度的相似性。其中，鼓楼作为族姓的象征，是整个村寨的信仰中心，并与周围的戏台、萨坛、鼓楼坪等共同形成多功能的聚落中心空间[30]，呈现出"核"的空间形式。建立起鼓楼之后，同一房族的侗民围绕鼓楼建立建筑组团，形成围楼而居的村寨生活空间，并以寨门、风雨桥等作为村寨边界，构成了具有高度向心性的基本空间格局。

其次，侗族聚落对于周边自然环境的整理改造方式具有

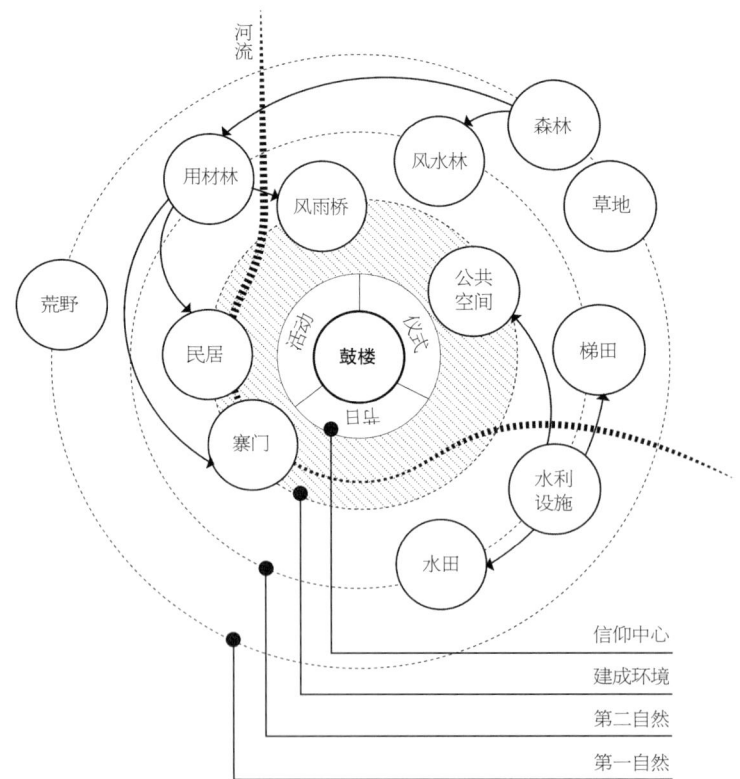

图2-4　侗族聚落空间格局

一致性。如在聚落周边，侗民为了满足生产生活需要，在遵循自然规律的前提下对土地、植被等自然资源加以改变，于村落周边开辟风水林、用材林、水田及梯田，引水并修建灌渠，表现出人与第二自然的和谐共荣。在此之外则是未经开发和干扰的第一自然，如森林、草地与荒野，保持着原生生态系统的自然风貌。

在共性之外，由于聚落所处地理环境有所不同，自然环境要素在与建成环境组织嵌合时，又呈现出一定的差异性，形成河谷平坝、山间谷地及山腰坡地三种聚落分布类型，其典型聚落平面及剖面如图2-5所示。其中，河谷平坝型聚落往往依山傍水，在平坝区开辟水田，于河流中引水，形成山—水—林—田—村的基本格局。山间谷地与山腰坡地的灌溉水通常引自山溪与泉水，与此同时建造渠道、水塘进行节流利用，并于平坦处开辟水田，于陡峭处开辟梯田，分异为山—溪—塘—田—林的聚落空间格局。

建成环境与自然环境的相互耦合，使侗族人民构建起了兼具信仰功能、生活空间与生计需要的理想聚落模式，提供了长期安居乐业的保障。

图2-5　典型聚落平面、剖面示意图

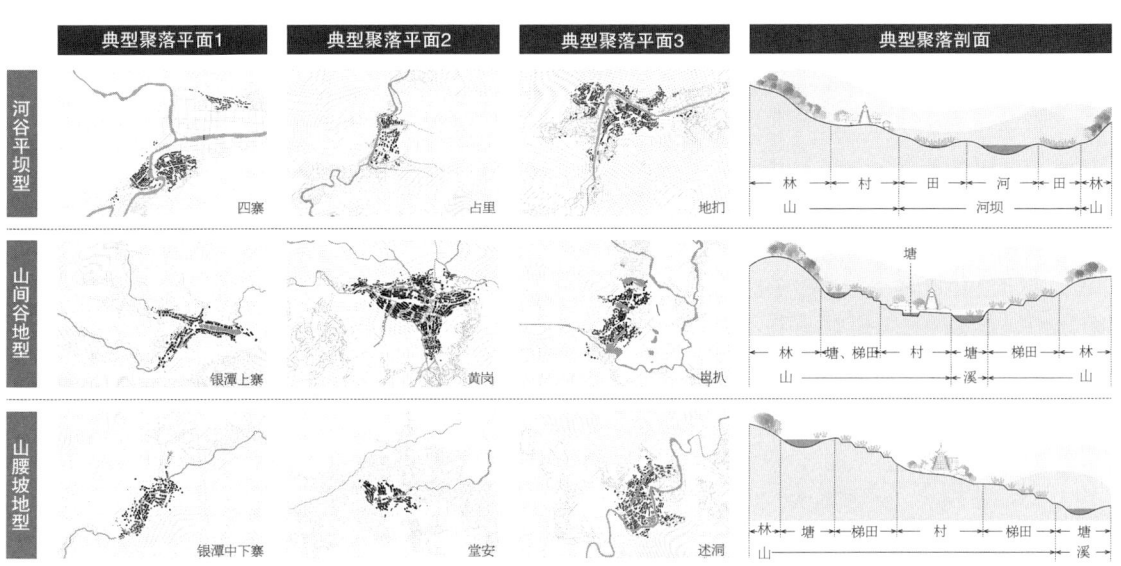

2.4.2　河谷小流域层次

人居单元是由相对明确的地理界面所限定的自然地理单元与人文单元相互作用而构成的综合系统[14]，强调自然地理单元的完整性以及人文单元的融合性。都柳江流域的众多河谷小流域，正是体现人居单元概念的合适案例，且正好与历史上侗族聚居"溪峒"（小洞）概念相对应。

"溪峒"意为山间聚居且守卫自身的河谷地，是少数民族在依山傍水环境下创建的聚落集群。在复杂的地形条件下，溪峒内水系、平坝、山体、林草等自然环境要素齐备[31]，聚落由此具备了自给自足的生产生活条件，而峒与峒之间的道道山梁，也在一定程度上阻断了居民的交流与往来。因此，不同溪峒内的聚落便以河流为脉络、以山脊为明确的边界，形成了一个个相对完整封闭的自然地理单元。此外，溪峒的分隔性也为侗民聚族以居，形成以小流域为范围、以村社为基础、以合款为连结、以鼓楼为标志的社会组织单元创造了条件，完成了社会结构与地理空间的对应，构成一个个人居单元。

在相似的河谷自然环境与社会架构下，不同的河谷小流域之间存在着内在系统的完整性与外在流域的关联性，在营建手段上具有风格一致性，并基于款组织保持着高度的文化一体性。基于此，本章选取了都柳江流域的一个典型河谷——高增河谷小流域——作为人居基本单元的典型样本对其开展进一步研究。

高增河谷长度为23.4km，整体平均宽度6km（河谷平坝最宽处约3km），海拔约180~1100m，地处月亮山边缘的低山地带，其自然本底特征如图2-6所示。其中，0°~10°区间的平缓坡地主要集中在山脚平坝区及山间谷地地带；大部分土地坡度均在30°以下，为聚落提供了可居住、可开垦的自然环境。河谷内高增河自东北起发源于小黄村，途经岜扒、银良、銮里各村，向西南汇入都柳江，可提供便利的水源条件。在当地常年湿润多雨的降水条件下，地表径流沿着山谷汇水线不断向下，形成了众多并入高增河的支流水系，为山腰坡地中的聚落提供了良好的灌溉与用水条件。

民国以前，因少有文字记录，关于高增河谷内各聚落的成寨由来散落在"手抄文献""口传歌谣"等处。如高增村吴仁和老人家中于清道光元年重抄的手抄本中有"永乐十九年，庚子年至高增、平求、银良。辛丑年落西王、岜扒"的相关记录[32]，结合侗族古歌关于迁徙与建寨经历的记载及后人口述，可以将高增乡的历史推演至明朝甚至更早，以丙梅、銮里、银良、高增、岜扒、小黄的先后顺序依次落寨，合数村为洞，形成今日俗称的"二千九侗款"地区[20, 33]。发展至今，逐渐形成了由高增、银良、美德、建华、新生、小黄、弄向、朝里、岜扒、占里等构成的高增河谷聚落群体系。

河谷自然环境与侗民的生产生活活动相互融合，高增河谷的人居单元内逐渐形成具有整体一致性的垂直分异空间特征（图2-7、图2-8）。其中，小流域的自然环境从下到上可以概括为河谷平坝、山间谷地、山腰坡地地带。下层为河谷平坝地区，在山脚河流与地形的相互作用下冲刷成型，拥有较为平坦的坝子以及优越的灌溉条件，适宜农业耕作。侗民通过长时间的经营，开辟水田，在聚落边界营造风水林，形成大面积的河谷聚落群，使其成为侗族人的主要生活据点。然

图2-6　高增河谷高程、坡度、水文特征
（从左到右）

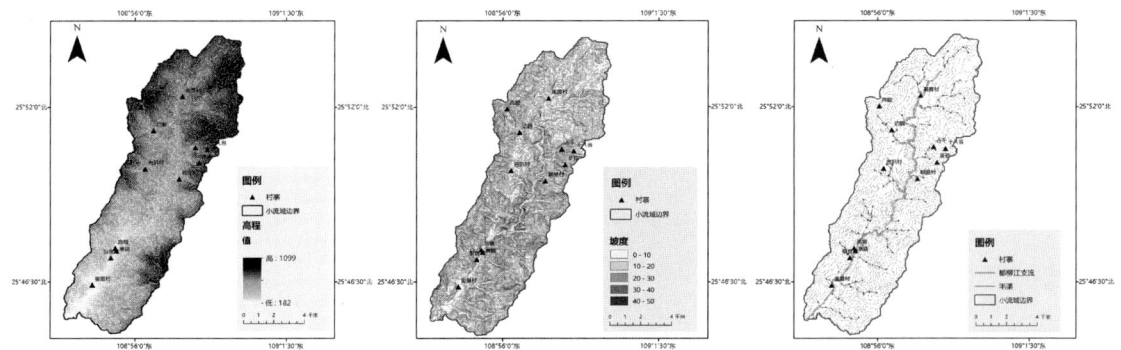

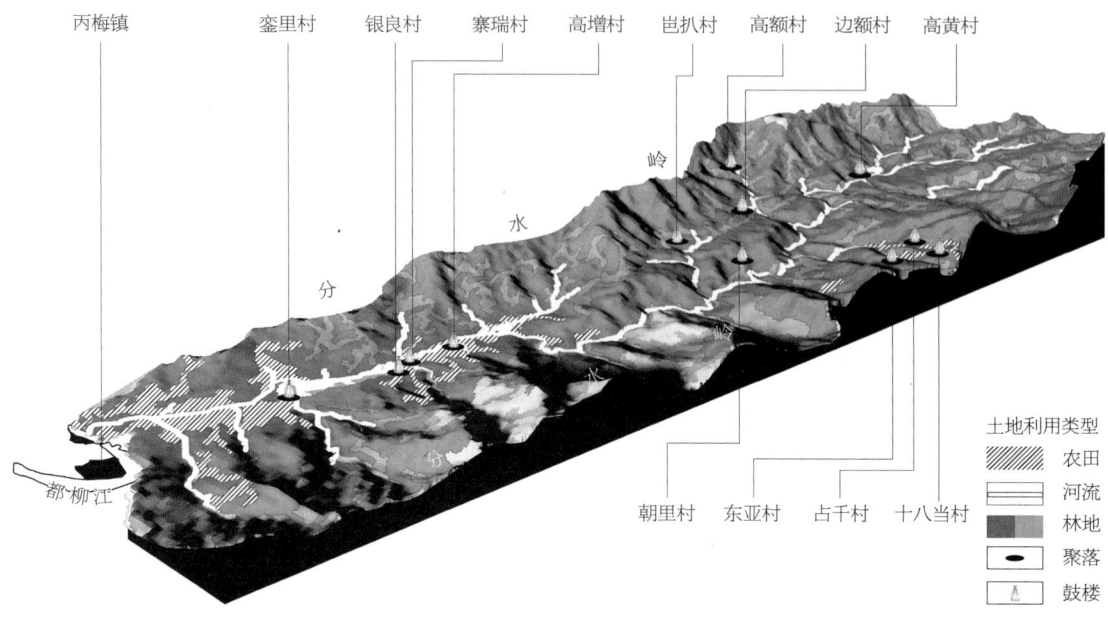

图2-7　高增河谷人居基本单元生态系统
轴测图

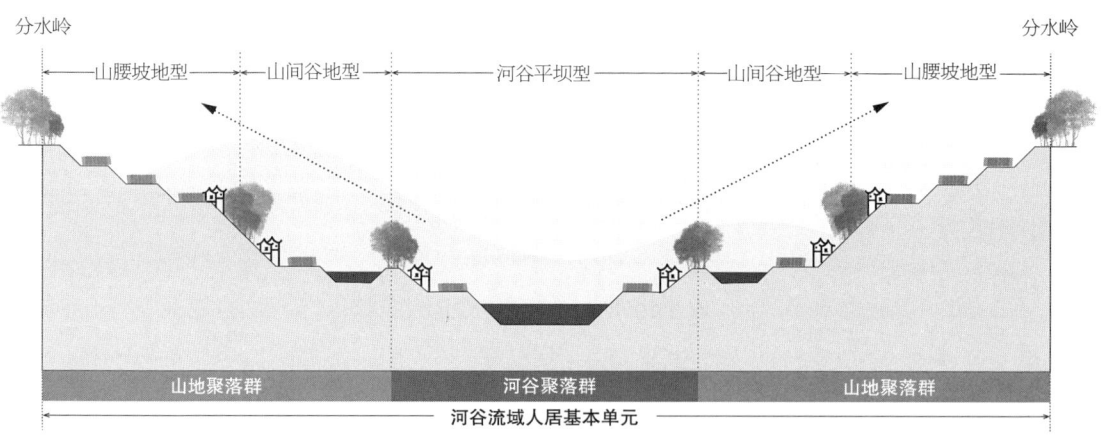

图2-8　高增河谷垂直分异特征

而，河谷聚落群在进行展拓时往往容易受到牵制，有较大的
局限性。上层与中层为山腰坡地及山间谷地，主要包括了中
低山海拔的区域，以连绵完整的山林为主。由于用地逼仄，
对该区域进行开辟时的技术与劳动力要求也更高。因此，生
活于此的侗民以稻作梯田为主、水田为辅，多靠近山溪与汇
水处聚居，形成山地聚落群。

2.4.3　流域层次

大小不等的河谷小流域共同组合构建了流域，其不仅是描述地理环境的空间单位，也是具有共同或相似文化及人群分布特征[34]的区域。人类活动多依托流域展开，流域人居文化区界定了人地关系的基本格局[35, 36]。

在地理层面上，都柳江流域的自然地理特征（图2-9）可以概括如下两点：

第一，在垂直特征上，都柳江流域的整体地势西北高而东南低，两岸分水岭与河谷之间呈现出有规律的低山与丘陇[37]。流域内山区的海拔多在800以上，河谷与河谷盆地的海拔则在150～450m左右[38]，形成了山地与河谷高差分异的垂直特征，整体流域的局地气候与贵州同纬度的山地气候相比差异较大。流域夏热冬暖、雨热同季且雨量充沛[38]，为农事生产创造了良好的气候基础。

第二，在水平特征上，都柳江的支流自山顶不断往下，经山谷穿梭后向四周拓展，与地表径流汇合，最终形成了树杈式的水系布局。由于受到自然高差的作用，支流在汇入都柳江主干时还冲积出较为宽阔的河谷平坝，创造了适

图2-9　都柳江流域自然环境特征

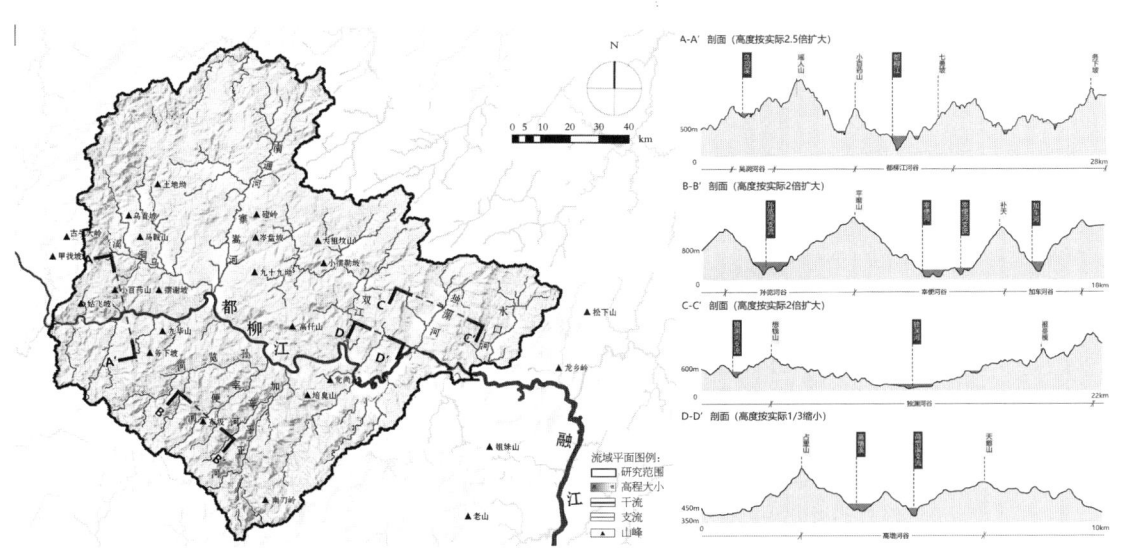

宜的土质与灌溉条件，为流域尺度下稻作农业的发展繁荣
奠定了基础。

由于地理地貌的相似性，都柳江流域整体形成了较好的
生态均衡性；连绵的中低山与奔涌的水流，也为侗民顺水而
徙、在流域中发展稻作农业的文化交流提供了可能。

村落在地理环境之上，是特定生存模式在物质上的体
现[39]。将贵州黎平、从江、榕江三县《地名志》等文献资
料中所载的都柳江流域苗侗聚居点作空间落位后发现，侗族
聚居区主要位于流域中河谷平坝地带的水利优势地区，在
空间分布上表现为"东北密集、西南稀疏"的空间格局
（图2-10）。

总体而言，侗族居民在迁徙至都柳江流域后，于都柳江
河口两岸及支流的河谷平坝地带创建大量"原生聚落"，并循
着支流河谷不断扩张，将小流域（即"小洞"）发展成为相
对独立、内部具有文化一致性的人居单元，其分布如图2-11
所示。小流域人居基本单元以分水岭为空间边界，以小款
为社会组织结构。而更大范围地区（如当地所说六洞、九
洞地区[22,40]，如表2-1、表2-2所示），则是由多个小洞所共
同构成的流域区域，由大款来进行统一治理。这种以立约为

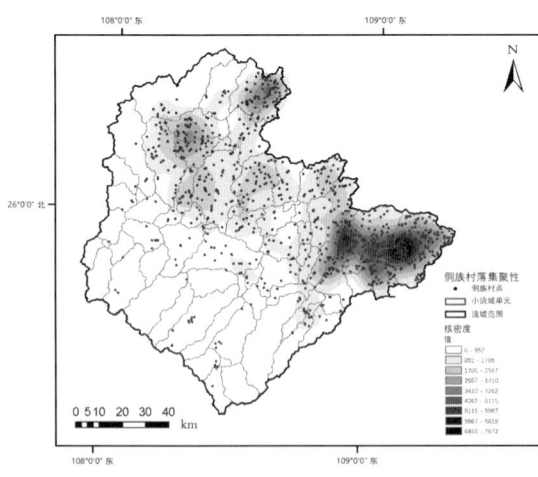

图2-10　都柳江流域侗族传统村落分布及集聚性

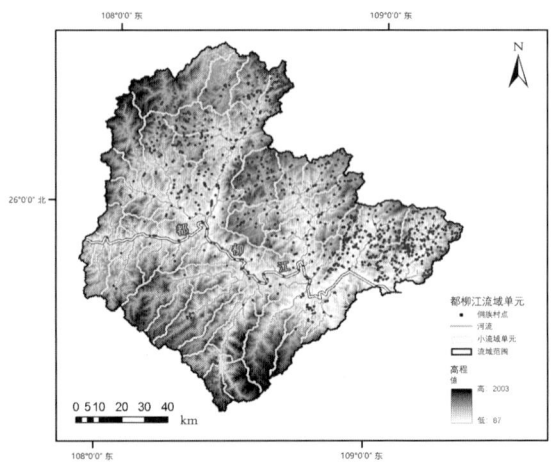

图2-11　都柳江小流域单元分布

六洞地区定居情况（笔者根据资料整理）   表2-1

大款	小款（小洞）	村寨
六洞（主要聚居在黎平、从江毗邻地区）	贯洞小款	贯洞各村寨，巴洛村各村寨
	云洞小款	庆云、务垦、龙图、样洞各乡的大部分村寨
	洒洞小款	新安乡大部分村寨、龙图乡干村各寨以及独洞的伦洞等村寨
	塘洞小款	独洞、塘洞、上皮林等村寨
	肇洞小款	从江县洛香乡各村寨及黎平县肇兴乡部分村寨
	顿洞小款	黎平县永从乡顿洞村、管团村等村寨

九洞地区定居情况（笔者根据资料整理）   表2-2

大款	小款（小洞）		村寨
九洞地区（主要聚居在黎平、从江、榕江县交界地区）	上半款	信地小款	高船、信地、吾架、增盈、德桥、增冲、往洞、朝利、贡寨、孔寨、夏往、秧里、则里、会里、弄吾、德秋、托苗 17个村寨
		高传小款	
		吾架小款	
		增盈小款	
	下半款	往洞小款	
		增冲小款	
		贡寨小款	
		孔寨小款	
		朝利小款	

誓的组织机构，在特殊时期代表了侗族社会结构的最高层次，维护了基本社会秩序、保障了侗民的安全。在此基础上，都柳江流域的侗族人居系统最终形成在地形、风貌、社会、文化上具有相对一致性的人居文化区。

2.4.4 多层次嵌套的空间体系

总体而言，侗族人民在长期的人地互动下，流域中不同尺度的人居空间彼此嵌套、相互作用、相互联系，最终形成具有多层级多尺度特征[41]的有机整体。不同尺度所侧重的人居环境系统有所不同。其中，流域侧重于基本的自然系统，其本底特征为全域的稻作农业奠定了基础；河谷单元受流域生态均衡性的影响，具有文化的一体性与营建风格的相似性，但又因高程的影响而呈现出垂直分异的分布特性及相对封闭性，促成聚落居住系统中"山—水—林—田—村"同素异构的发展特性。最后，在与"侗款"社会组织的耦合过程中，"流域—小流域—聚落"的多尺度物质空间类型最终转换为"人居文化区—人居基本单元—人居体"——具有层级性的侗族人居整体（图2-12）。

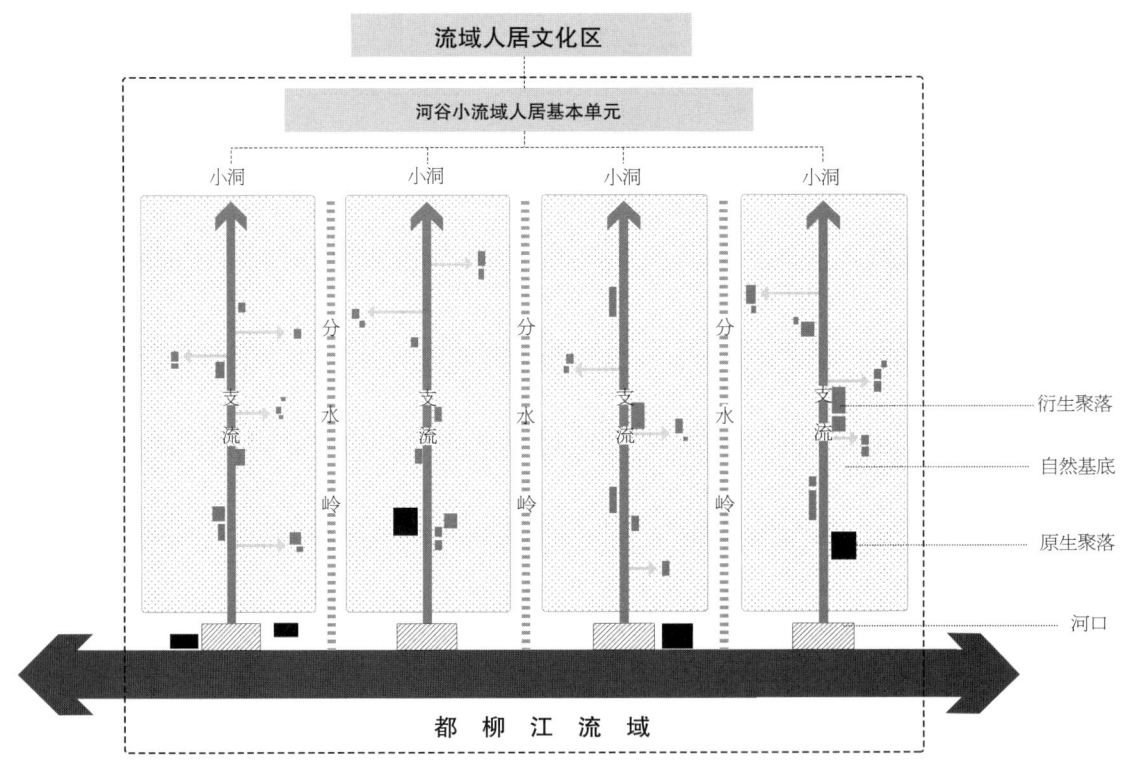

图2-12 都柳江流域侗族"人居文化区—人居基本单元—人居体"多层次嵌套格局示意图

2.5 侗族人居系统的动态耦合机制

侗族人居系统是一个动态的、开放的系统，在环境变化过程中，聚落主体系统不断进行着适应性调整，与自然、人工、社会、文化等多元因素相互作用，通过人居环境动态耦合机制（图2-13）影响着聚落的营建过程，并最终促成侗族人居空间格局的发展成型。

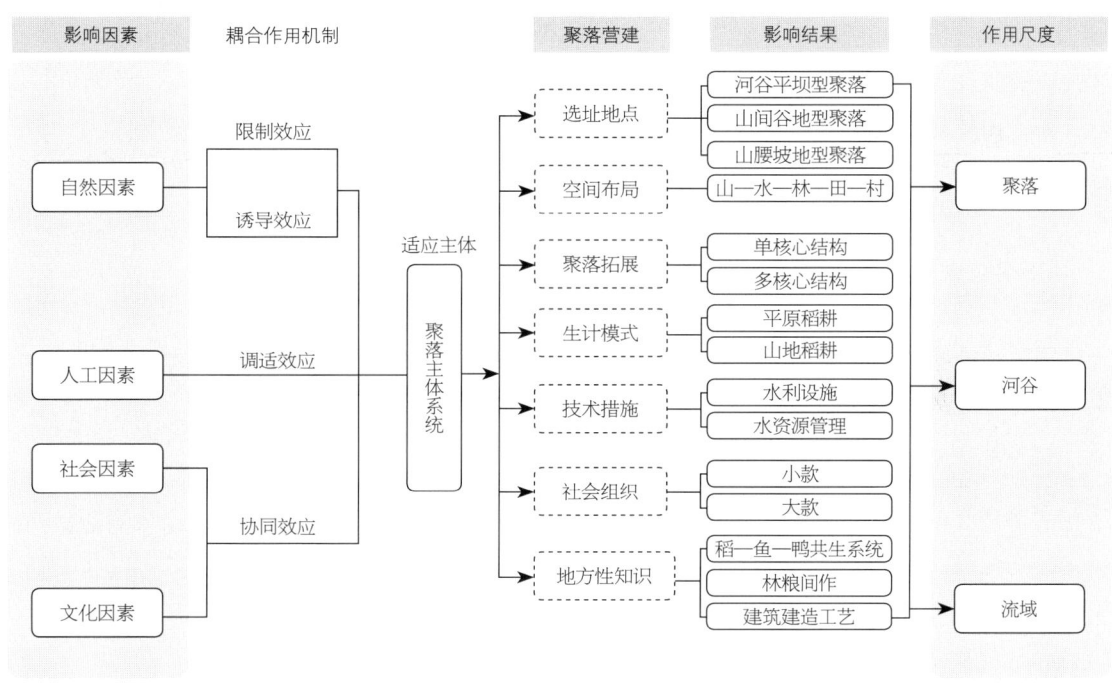

图2-13 侗族人居系统耦合协调机制图

2.5.1 自然对聚落营建的限制与诱导效应

自然环境包含特定地域的气候条件、地形地貌和地方材料等，是人居环境系统的物质基础，也是影响聚落营建过程的主导因素，干预着侗族聚落由迁徙、选址到逐步成型的发展过程变化，具有限制与诱导效应。在选址阶段，陡坡缺水、自然灾害频发等地因不适于人居，天然地限制了人的迁入。而在河谷平坝区因地势平坦、土质优越且易于取水，自然条件最佳，其诱导效应也最为显著，因此成为侗族先民在都柳江流域的最初据点；山间谷地与山腰坡地的自然条件略逊于河谷地区，则成为侗族聚落营聚的次优选择。在侗族定居后期，随着聚落建设面积增大，新增人口与迁入支系亟须拓展新住地。此时，河谷宽坝地区由于自然承载力更大，诱导聚落实现了由单核心向多核心结构发展的演进过程；河谷窄坝地区因自然承载力受限，更多地对聚落的就地拓展起到了限制效应，使得侗民朝向山坡、高山发展。在自然的限制与诱导效应同时作用下，侗族人居逐渐在都柳江流域分化形成具有垂直分异特性的河谷—山地聚落群以及河谷平坝型、山间谷地型、山腰坡地型三种不同的聚居模式。

2.5.2　人工在聚落营建中对自然的调适效应

在自然因素影响聚落营建的同时，以侗族人为主体的聚落系统也通过主动调整建设内容、强度与空间布局等人工措施，对外部自然条件的变化进行了适应与调整，体现出人工建造手段在聚落营建中对自然的调适效应。其中，加快地域空间结构构建、完成生计模式转型是侗族族群在完成迁徙后，面对自然条件变化的主要调适手段。例如，聚居于河谷地带的侗民借助地理环境的相似性，成功移植以水稻耕种为核心的传统生计模式；在山腰、山谷地带营聚的侗民则需要与山地环境的变量相互适应——借助技术的迭代与进步，侗族人民逐渐掌握了于坡地开辟梯田、分水储水等人工技术手段，通过对自然的调适效应，实现了由平原稻耕向山地稻耕生计模式的转换。

2.5.3　社会与文化在聚落营建中的协同效应

社会与文化主要包含社会组织制度、族群等级、文化习俗、精神信仰等因素，是人居环境系统的社会基础，在聚落营建中具有协同效应。为了社会秩序的组织与生存资源的获取方便，侗族聚落通过血缘族姓发展构建了名为"款"的社会组织，与聚落空间营建同构发展，聚落通过辐聚型特征向外建设与发展，当聚落扩张到一定程度，款组织的管理范围则逐渐扩大，合村为款、合小款为大款，与小流域单元以及流域文化区的地域单位互相对应，成为隐藏在聚落空间背后的深层秩序。

与此同时，文化习俗也以其特有的精神内核影响着侗族聚落的核心空间，与聚落营建协同演进。其中，侗族传统文化体系在演进过程中延续了稻作文化的核心，促成了水田、梯田等耕作空间在聚落选址与经营调适时的重要地位。随着人居营建的动态变化，侗族也不断通过吸收建设中的经验或教训，固化并形成诸如"稻—鱼—鸭"共生系统等地方性知识，交融于固有文化体系之中，使其成为不可或缺的一部分。

2.6　总结

经过对自然环境、物质社会环境等方面的适应，侗族人民的生产生活活动长期作用于土地，完成了流域人居系统由完全自然环境向"自然—人工"耦合的人居环境的转变，并由此形成了具备特色侗族村寨人居。其中，山水景观主要依托于都柳江流域的自然环境——在溪峒纵横、水系密布、林木葱郁的山水基底下，侗族先祖在不破坏生态环境的基础上选址、布局、经营与展拓，依此形成依山傍水，与自然山水融为一体的人居形象。农业景观建立在聚落的建成环境周边，通过森林、田地、河流等要素协同构建，是山水自然经人工处理所产生的独特景观风貌，如"塘田相通、水渠交错"等水利景观，"稻鱼鸭共生、粮林间作"等生产性景观，"仲夏禾苗、金秋稻谷"等季相景观。此外，侗族人在适应环境与建造的过程中还形成了在建筑层面上的人文景观意向，并集中体现在聚落中鼓楼、萨堂等精神场所，风雨桥、寨门、凉亭等界定边界建筑，以及禾仓禾晾等功能性建（构）筑物细部装饰等各个方面。

侗族传统聚落的选址、营建与演变展现了侗族人民利用自然、梳理土地的方式，展现出在崎岖的山地环境与严峻生存压力下富于创造力的生存智慧与自成一体的文化传统。本文以南侗文化区中都柳江流域—典型人居单元—典型聚落为三重分析层次，探讨了都柳江地区侗族聚落人居环境系统的营建过程、空间格局与机制，结论如下：

（1）侗族"人居"的产生与发展，经历了迁徙、选址、初辟、经营、调适、拓展到建立社会组织的全过程。在人口增加、自然灾害、技术限制以及战乱纷争的威胁下，侗族先祖无处可居、无地可耕，而都柳江群山环抱、沟壑纵横的流域环境则正好为侗族先祖的迁入、定居与繁衍创造了适宜的气候与物质条件。经过选址前察山寻水、于平坝引流开渠、开田事农，侗族人民完成了对聚落的初步人居环境改造，在聚落生长过程中，侗民又通过调整建造手段，不断发展技术以适应生态的变化；于自然承载力饱和后完成了同构、拓展、依托地势发展的主动适应与被动适应过程。最后，在与自然的互动以外，侗人逐渐构建了具有社会适应性的款组织结构，与聚落空间体系相互耦合。

（2）侗族的人居环境系统作为复杂系统，在"聚落、河谷小流域、流域"三个不同尺度的嵌套空间中形成了差异化的空间格局。其中，聚落作为人居系统的最小单位，其建成环境与自然环境要素相嵌形成了地带分异的山—水—林—田—村格局；河谷小流域聚落群的形成建立在聚落类型之上，由此形成具有"垂直分异"特征的人居生态系统，并在与社会组织互构的过程中逐渐形成具有内在系统完整性、外在流域关联性的人居基本单元；最后，多个小流域单元共同组成了在地形、风貌、社会、文化上具有相对一致性的流域人居文化区，人类活动依托其展开，流域单元界定了人地关系的基本格局。

（3）侗族人居在演变过程中，其聚落营建方式与空间格局特征逐渐发展成型，与当地自然、人工、社会、文化等系统相互影响与响应，形成了具备地方性特征的耦合协调机制。

其中，自然资源的限制促成了侗族的迁徙，并在选址阶段与聚落定居后期具有显著的诱导效应。与此同时，在外部挑战压力下，自然条件随之而变化，侗人在不断调整建设内容、强度与空间布局后，逐渐完成对自然的调适机制。此外，侗族传统的社会文化实现了与村寨空间建设的协同发展，发展构建"合款"社会，形成并固化地方性知识，融入侗族文化体系。

都柳江地区的侗族人居具有高度的地方性与适应性，在不同尺度下对其展开的人居环境系统研究，有助于从更全面、多学科的视角对其进行审视与解读，展现人地互动的时空演变关系。然而，在现代化建设的背景下，侗族聚落的营建、生计模式与文化传统在经历着巨大的变迁，如何在此基础上对其进行保护与发展，是后续可以关注的研究内容。

参考文献

[1] 吴良镛. 人居环境科学导论[M]. 北京：中国建筑工业出版社，2001.

[2] G.阿尔伯斯. 聚落结构模型的历史发展[J]. 沙春元，译. 城市与区域规划研究，2010，3（3）：142–166.

[3] 孙诗萌，武廷海. 雄安地区人居环境之演进[J]. 城市与区域规划研究，2018，10（1）：109–127.

[4] 张杰，邓翔宇. 论聚落遗产与文化景观的系统保护[J]. 城市与区域规划研究，2008，1（3）：7–23.

[5] 周政旭. 贵州南侗地区山地聚落人居环境营建初探[J]. 城市与区域规划研究，2016，8（1）：112–136.

[6] 傅安辉，余达忠. 九寨民俗：一个侗族社区的文化变迁[M]. 贵阳：贵州人民出版社，1997：18.

[7] 《侗族简史》编写组. 侗族简史[M]. 北京：民族出版社，2008.

[8] 罗德启. 贵州民居[M]. 北京：中国建筑工业出版社，2008.

[9] 伍家平. 论民族聚落地理特征形成的文化影响与文化聚落类型[J]. 地理研究，1992（3）：50–57.

[10] 李建华，夏莉莉. 文化生态层级理论下的西南聚落形态——以大理喜洲聚落为例[J]. 建筑学报，2010（S1）：55–57.

[11] 蔡凌. 侗族聚居区的传统村落与建筑[M]. 北京：中国建筑工业出版社，2007.

[12] 覃彩銮. 壮侗民族建筑文化[M]. 北京：中国建筑工业出版社，2008.

[13] 吴良镛. 广义建筑学[M]. 北京：清华大学出版社，2011.

[14] 贺勇. 适宜性人居环境研究——"基本人居生态单元"的概念与方法[D]. 杭州：浙江大学，2004.

[15] 刘沛林，刘春腊，邓运员，等. 中国传统聚落景观区划及景观基因识别要素研究[J]. 地理学报，2010，65（12）：1496–1506.

[16] 李婧，杨定海，肖大威. 海南岛传统聚落文化分区及区际过渡关系研究——从海南岛传统民居平面形制及聚落形态类型谈起[J]. 建筑学报，2020（S2）：8–15.

[17] 何兴华. 中国大百科全书（第三版）"人居"条[EB/OL]. [2022–08–19] https://www.zgbk.com/ecph/words? SiteID=1&ID=211496&Type=bkzyb&SubID=140968.

[18] 李月成，李飞跃. 黔东南苗族侗族自治州概况[M]. 北京：民族出版社，2008：2.

[19] 范宏贵. 侗族祖先迁徙地点、时间及其他[J]. 广西民族研究，1989（4）：62–67.

[20] 黔东南苗族侗族自治州文艺研究室，贵州民间文艺研究会. 侗族祖先哪里来（侗族古歌）[M]. 贵阳：贵州人民出版社，1981.

[21] 石若屏. 浅谈侗族的族源与迁徙[J]. 贵州民族研究，1984（4）：75–88.

[22] 粟周榕. 六洞、九洞侗族村寨[M]. 贵阳：贵州人民出版社，2011：3.

[23] 毛刚. 生态视野：西南高海拔山区聚落与建筑[M]. 南京：东南大学出版社，2003.

[24] 罗康隆，麻春霞. 侗族空间聚落与资源配置的田野调查[J]. 怀化学院学报，2008，27（3）：1–3.

[25] 杨顺清. 侗族传统环保习俗与生态意识迁徙[J]. 中南民族大学学报（人文社会科学版），2000（1）：62–65.

[26] 罗康智，罗康隆. 传统文化中的生计策略：以侗族为例案[M]. 北京：民族出版社，2009：41.

[27] 赵晓梅. 黔东南六洞地区侗寨乡土聚落建筑空间文化表达研究[D]. 北京：清华大学，2012.

[28] 赵晓梅，贾玥. 浅析侗族聚落形态与发展[J]. 住区，2012（2）：45–53.

[29] 张家亮，翁季. "款"影响下的侗族聚落空间层级[J]. 建筑与文化，2016（5）：134–135.

［30］霍丹，甘晓璟，唐建. 侗族传统聚落空间形态的再思考[J]. 建筑与文化，2017（6）：248-249.

［31］杨庭硕. 侗族生态智慧与技能漫谈[J]. 大自然，2004（1）：40-42.

［32］赵晓楠. 传统婚俗中的小黄寨侗族音乐——对小黄寨侗族音乐的文化生态考察之一[J]. 中国音乐学，2001（3）：86-95.

［33］杨晓. 小黄歌班中嘎老传承行为的考察与研究[D]. 北京：中国艺术研究院，2002.

［34］地理学名词审定委员会. 地理学名词（第二版）[M]. 北京：科学出版社，2006.

［35］王铮，夏海斌，李静. 普通地理学[M]. 北京：科学出版社，2010.

［36］WANG F，PROMINSKI M. Water-related urbanization and locality: protecting, planning and designing urban water environments in a sustainable way[M]. Singapore: Springer Nature, 2020.

［37］贵州省地方志编纂委员会. 贵州省志·地理志[M]. 贵阳：贵州人民出版社，1988：925-926.

［38］郑小波，郑奕，周成霞. 珠江上游都柳江流域河谷40a来气候变化特征[J]. 广西气象，2005（S1）：153-154+139.

［39］RAPOPORT A. House form and culture[M]. Englowood Cliffs: Prentice Hall, 1969.

［40］石开忠. 从"六洞"、"九洞"地区的社会历史资料探讨侗族的"款"[J]. 贵州文史丛刊，1992（2）：129-132.

［41］吴良镛. 人居高质量发展与城乡治理现代化[J]. 人类居住，2019（4）：3-5.

（本章已刊载于《城市与区域规划研究》2023年第2期）

第 3 章

聚落形态演变及环境适应性

本章作者：高梦瑶，杨憬铭，陈笄，潘子妍，周政旭

摘要：侗族聚落与河流关联紧密，其形态演变始终保持着显著的环境适应性。本章以黔东南高近—坝寨的8个典型侗族聚落为研究对象，以高分辨率历史卫星影像、测绘调查为基础，采用地理信息系统空间分析和形态学法等多种研究方法，对聚落空间形态进行对比，系统地分析河谷、聚落、建筑组团三层空间中的水环境适应性特征。研究发现，在水系统和与水相关的技术、文化因素的驱动下，侗族聚落的形态发展呈现出动态稳定的特征，并可以用诱导、制约、协同和调适等效应来进行解释。本研究揭示了侗族聚落以水为核心的人工—自然耦合互动过程和机制，为未来与水相关的聚落在不同空间尺度上的可持续发展模式提供参考。

3.1 引言

伴随着近年来的乡村产业变革与城镇化进程，中国的农村人居环境得到了全面改善，农村聚落的形态也发生了相应的变化[1-3]。研究表明，激烈的开发建设扰动所产生的土地利用方式转变，加剧了新景观取代旧景观的过程[4, 5]。作为一种受到严重威胁的生态系统，河流面临着跨越时空尺度的多重压力[6, 7]。然而，一些与河流密切相关的聚落，其空间和文化形态仍然能够稳定地保持显著的地方特征，在环境变化的挑战下体现出了强大的韧性[8-12]。

水系统是影响聚落形成与演变的重要条件[13-16]。流域范围内往往具有特定的自然地理条件，并且以此为基础，形成了具有地方性的建成环境和社会文化[17]，包括居民点的空间分布密度，聚落边界的形态、街巷与建筑布局[18]，居民的生计模式、地方信仰甚至社会网络[19, 20]。与聚落对水环境的适应性，则主要体现于建成环境与流域水系统间相对稳定的空间关系，也体现于与水相关的社会文化的继承和变迁[21]。对聚落与河流互动关系的研究能够为形成可持续的人居环境提供支持。

当前，针对水与聚落关系的研究多以城市聚落为主要的研究对象，但仍有一些乡村聚落因其稳定存续的传统景观风貌，及本土居民在多重外部干扰下的生存智慧和经验，逐渐引起学界关注。在世界范围内，以全球重要农业文化遗产（GIAHS）为代表的一些复合型聚落与其所处的水环境长期协同进化，过程中形成的土地利用系统、农业景观和一系列适应性管理的方法，能够体现出不同流域内的乡村聚落对于水环境的动态适应能力，为现代社区的可持续发展提供了直接示范。这在印度库塔纳德海平面下农耕文化系统、斯里兰卡干旱地区的梯级蓄水池农田系统（CTVS）等地均有体现[22]。在中国，聚落空间形态历史演化的过程多与土著居民的生计模式、水利灌溉技术的发展联系起来，其背后的机制同样是本土居民主动改造而形成聚落内外部可持续的水环境。在此方面，学界对长江以南平原地区乡村聚落的讨论比较充分，聚焦于水对于聚落选址、农业景观格局、地域文化等方面的重要影响[23-25]。在宏观尺度上，根据与水系的空间关系对聚落进行分类，在中观层面上研究人对水系统的改造和利用技术，在微观层面上研究特定水环境下民居或公共建筑的建造方式。

中国的山地少数民族天然具有逐水而居的特征[26, 27]，在适应自然、改造自然的过程中积累出丰富、独特的人居环境营建智慧，侗族聚落是其中的典型的代表。侗族历史学界的学者们认为，水环境在侗族聚落传统的空间、生计模式、社会结构的塑造中扮演了关键角色[28, 29]。侗族人民对于水的改造和利用，非常适合进行多层次、长时段和细粒度的研究。然而，受限于少数民族聚落历史资料和偏远山区空间资料的可获取性，既有研究还未能揭示侗族聚落与水环境在时间序列上互动关系。本项研究采集高分辨率历史卫星影像图、基于实地调研的空间制图、关键人物的访谈、地方志书等多源数据，追踪了河谷聚落群—聚落单体—建筑组团三种尺度空间形态的历时性演变过程，并揭示了以"水适应"为核心的人工—自然耦合互动机制。我们还对流域内水环境的发展问题提出了一些政策建议，目的是促进这一机制更加有效的继承，以此应对来自于现代化冲击和旅游开发带来的挑战。

3.2　方法

3.2.1　研究区概况

侗族是中国的少数民族之一。侗族在公元10世纪至13世纪之间形成独立民族，至今以传统稻作农业为主要的生存手段。

侗族主要的聚居区位于贵州省东南部的山地，区域南北两侧均有大型河流将其与其他民族聚居区分离，内部贯穿众多河流水系。在山地环境相对有限的适宜空间中，侗族人十分重视对自然资源的管理，尤其是对水的适应、改造和利用[30, 31]。

研究区域高近—坝寨河谷位于亮江上游，它是清水江的重要支流（图3-1）。这里是侗族聚居区的空间中心，也是侗族传统文化的核心区域[32]，是一个值得研究的案例。约10km长的河谷中分布有10个传统风貌完整的侗族聚落，分别为高近、流芳、寨母、小寨母、寨南、宰俄、寨头、青寨、小寨和坝寨（图3-2）。以研究边界，覆盖河谷内侗族聚落的主要生产及生活区域，总面积约为120km²。

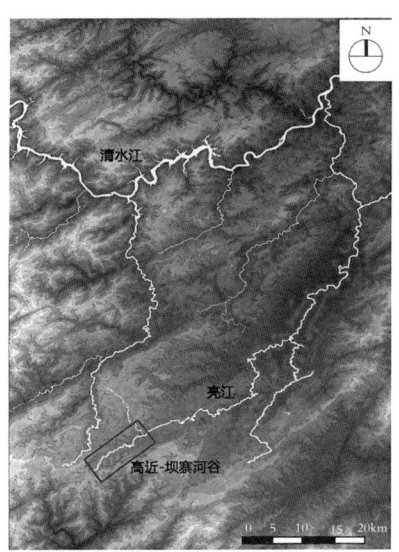

图3-1 研究区位置

图3-2 高近—坝寨河谷鸟瞰照片

3.2.2　数据和方法

研究综合了空间分析和人类学田野调查的研究方法，以达到以下目标：第一，确定河谷、聚落、建筑组团三个层次空间形态的发展过程；第二，掌握侗族人民改造和利用水的具体做法，特别侧重于水环境如何与各尺度的空间发生互动；第三，通过这种互动关系，探索与水有关的人工—自然耦合互动路径，并揭示其对侗族聚落可持续发展的贡献。

空间分析方法包含了对流域内3个空间尺度环境要素的提取和及形态学分析两部分具体内容。使用Arcmap10.3软件中的空间分析工具，以12.5m分辨率数字高程数据（DEM）为基础，提取流域内部汇水线。以KH-4B卫星2m分辨率黑白影像（1969年）、北斗卫星3m分辨率影像图（2019年）作为基础资料，经过坐标纠偏、地理配准、视觉解译，提取出聚落、河流、农田、森林等土地利用斑块，形成完整的空间数据库。形态学分析则主要用于描摹和比较不同时间点上聚落空间要素的形态特征，辅助总结空间变化的过程和规律。

由于侗族对其营建的书面记录十分有限，因此有必要追溯他们的叙事古歌和口述历史来推断他们的实践过程。田野调查方法可用于对上述开源空间数据的纠正或证实，并获取村民的口述信息等一手资料。研究团队先后在高近—坝寨河谷进行了3次实地调研。2018年7月开展无人机航拍图片采集与聚落空间实测工作。2019年1月和2020年8月在高近—坝寨河谷侗族聚落开展两次补充测绘和深度访谈，根据侗族长者们的口头描述，回溯出研究区各聚落在中国改革开放前期的空间格局，以支持或纠正对历史卫星图像的人工识别。同时，还邀请他们共同解读侗族古歌和地方志书，从中获取河谷地理单元中侗族社会组织、生计模式等信息。研究特别注意掌握水环境在聚落发展过程中产生的具体影响。

3.3　主要发现

三个空间层次内的聚落空间与水之间的关系，包括高近—坝寨河谷中的聚落群、聚落单体与聚落内部的建筑组团。除了空间关系，研究还关注了侗族聚落中的一些与水相关的社会组织结构，这反映了水对聚落空间发展过程的间接影响。

3.3.1　河谷中的聚落群

高近—坝寨河谷由西南—东北流向的河流冲击形成，两侧山体围合出一个较为封闭的人居环境地理单元。在河谷这一层级的空间中，我们重点研究了侗族聚落群在迁徙、选址和扩张中所表现出的形态特征，及其与河道的空间关系。

（1）迁徙和选址

根据民族学者的普遍认识，现今侗族聚居的地区是侗族先民自河流溯源而上迁徙的结果。流传于南侗地区的大量古歌，详细记录了侗族先祖迁徙的原因与经过：

"可惜真可惜，田地都在高坎上，引水不进田，河水空流淌。"

"祖宗原来那地方，……宽宽田坝禾不旺，站在高处把水望。"

转译1969年的卫星影像图，可发现高近—坝寨河谷中的侗族聚落选址具有明确的规律。它们均位于平缓山脚地带，海拔约570～650m，坡度约6°～12°，坡向相对不一。在窄长的山地河谷中，这样的平坦空间十分有限，宽度仅300～400m，被当地民众称为"坝子"。"坝子"土壤肥沃，适宜耕种，受到山林庇护，是理想的生存环境。如古歌中的描述："这里是个好落处：周围地方宽，能开田和土，田土湿润长禾谷。"此外，有5个聚落还位于山谷汇水线与河道交汇之处（流芳、寨南、寨母、寨头、坝寨），可用的水源更为丰富（图3-3）。

"款"是侗族社会中一种以共同祖先为核心的社会组织形

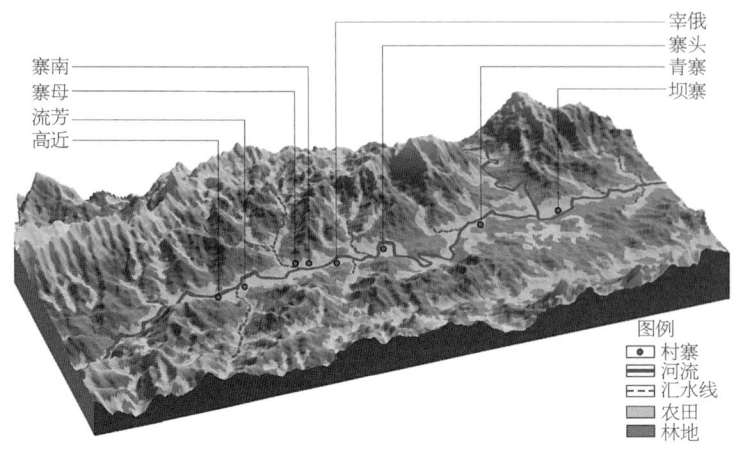

图3-3 高近—坝寨河谷三维图示

态，维护了关系较近的一组聚落群的安全与社会秩序[33]。根据侗族长者的描述，一个"款"所覆盖的聚落，基本与一条河谷中的聚落群重叠，表明河谷是这一社会组织的基本空间单元。一个很容易观察到的现象是，高近—坝寨河谷内的10个聚落近似均匀地线性分布，反映了早期资源的共同管理和平均分配。聚落之间的距离约为1～2km，被开垦的农田规模与聚落人口数量相适应。稻田湿地被安排于临近河流的缓坡，聚落边界则通常不紧邻河道，与河流中间是农田或自然地，可以有效规避开发建设活动对自然河道的干预及破坏。

（2）扩展

描摹并比较50年间高近—坝寨河谷中聚落规模的变化，可以图示表现扩展的过程（图3-4）。值得注意的是，在款约社会组织下，侗族聚落有"未曾立寨先建楼"的传统，每个氏族单位都建造一座具有氏族空间核心象征意义的鼓楼。因此，我们把鼓楼的位置也呈现在图纸上，将其作为聚落结构变化与规模扩张的重要标识。参与式制图的方法最大限度上确保了空间位置的准确性。

聚落边界的演变与河流保持着密切的联系。可以看出，扩张聚落空间仍然呈现出亲水性特征，多顺着河道两侧的平地、缓坡区域发展。尽管占据了少量农田，高近—坝寨河谷中生活的侗族人也几乎不会在远离河道的方向上建造房屋，

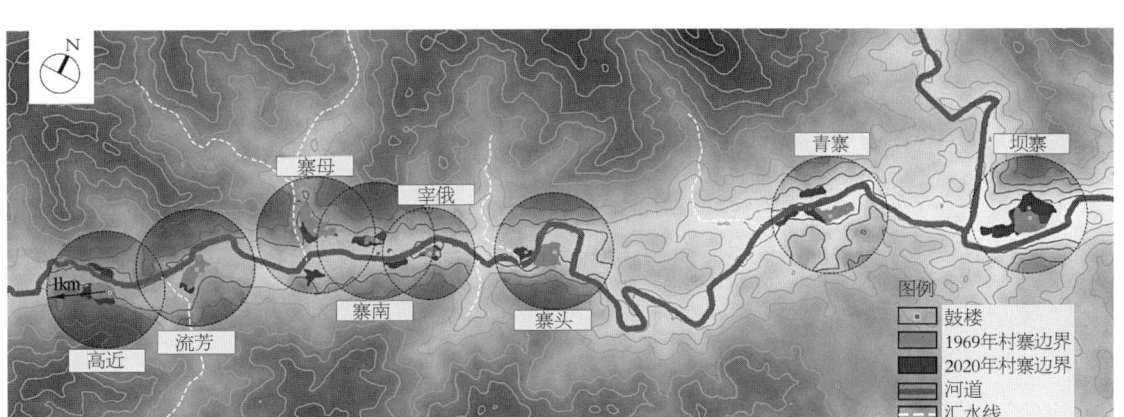

图3-4　村寨边界的变化　除非便于引山溪入村，如流芳村。

3.3.2　聚落单体

随着人口的增长，高近—坝寨河谷内聚落空间的规模也
在扩大。我们确定了鼓楼内部结构的演变，重点关注了每个
村庄的建筑环境与河流之间的空间关系，并将八个村寨空间
结构的演变分为三种模式，每个模式与河流之间都有很强的
相关性（图3-5）。

图3-5　高近—坝寨河谷村寨扩张的三种
模式

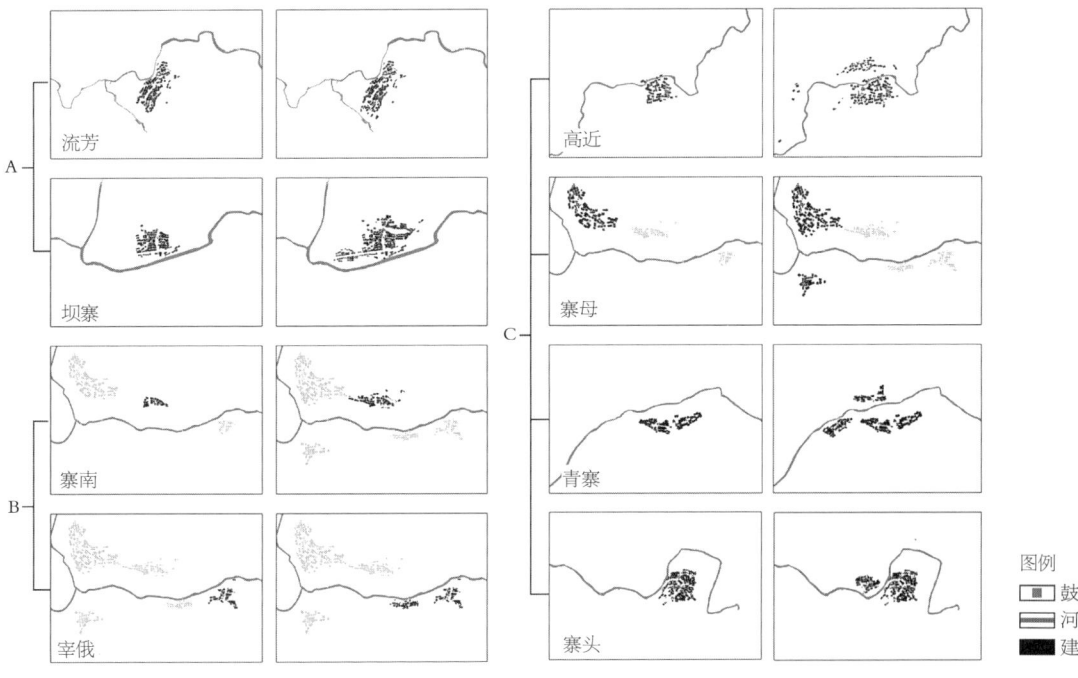

A：村庄边界向河流靠近，如流芳和坝寨。这类村寨的平坦空间有限，原初规模较小。坝寨的新建鼓楼证明了这种向河靠近的趋势及方向性，新旧鼓楼构成了村庄的主要街道，强调了垂直于河道的空间序列。

B：村庄沿着河流呈线性延展，如寨南和宰俄。这类村寨沿着等高线建设，体现出明显的线性延伸。

C：村庄横跨河流发展，如高近、寨母、寨头、青寨等。在建设初期，这些村庄与其他村庄保持着相对较大的空间距离，从而在河岸的另一边留下了一些发展空间。除高近外，其他三个村庄均修建了新的鼓楼。新旧鼓楼之间的空间关系垂直于河流，确保了家族成员之间的紧密联系。

3.3.3　建筑组团

在建筑组团层面，以研究区域最上游的聚落高近为例进行分析。高近村域面积0.067km²，平均海拔约700m。聚落内外部水系的空间形态特征，展现了居民与水的互动关系。

（1）自然水系

水塘、水渠和水井构成了村庄的内部供水系统。它们交织渗透民居建筑和公共空间，并与外部水环境如山溪和天然河道相连，组织聚落生态系统的水循环。

高近村内修建有两座风雨桥，一处风雨桥位于聚落东侧边缘的水尾处，另外一座位于聚落中心，联系河道南北两侧的聚落，这座风雨桥也是聚落中仅次于鼓楼的副中心，与距其南部80m的鼓楼和戏台共同形成了聚落内部的关键空间序列。高近村民将其视作聚落内外空间界定的标志，也是侗族居民对风雨桥这一建筑形式的普遍心理认同。

（2）内部水系统

水塘、水渠和水井组成了高近村建成环境内部的水系统（图3-6）。它们向外与自然河道相互连通，向内与民居建筑、公共空间相互嵌合。线性的水渠贯穿高近聚落内部，形成聚

图3-6　高近村内部的水系统

落内部的水网骨架。水渠由人工修筑，引山中汇集的自然降水，流经聚落内部的主要道路，也连接着各个水塘，最终汇入河道，组织了聚落生态系统中自然—人工的水循环过程。支线的水渠形态自由地延展到民宅旁侧，联系着高近聚落内部的各家民宅。

水塘是高近内最为常见的一种水体形式，顺应地形、散点状分布在聚落内部。水塘周围多为聚落中的公共空间（图3-7a、图3-7b）。高近鼓楼旁侧有一处深水塘（图3-7c）。它与鼓楼共同形成了聚落的中心，是高近村最具象征意义的公共空间（图3-8）。民居旁的小水塘形态则更加自由，水塘边搭建小型的平台、木凳或石凳，作为村民日常休憩的空间，也为村民提供生活用水（图3-7d）。此外，常见简洁的干栏式结构禾仓常搭建于水塘之上以存储粮食（图3-7e）。

高近聚落内分布有3口水井，多位于山前的聚落边缘（图3-7f）。作为重要的饮用水源，泉井旁常放置公用的水瓢，方便村民取用。女性村民常结伴在井边取水、洗菜，因此泉

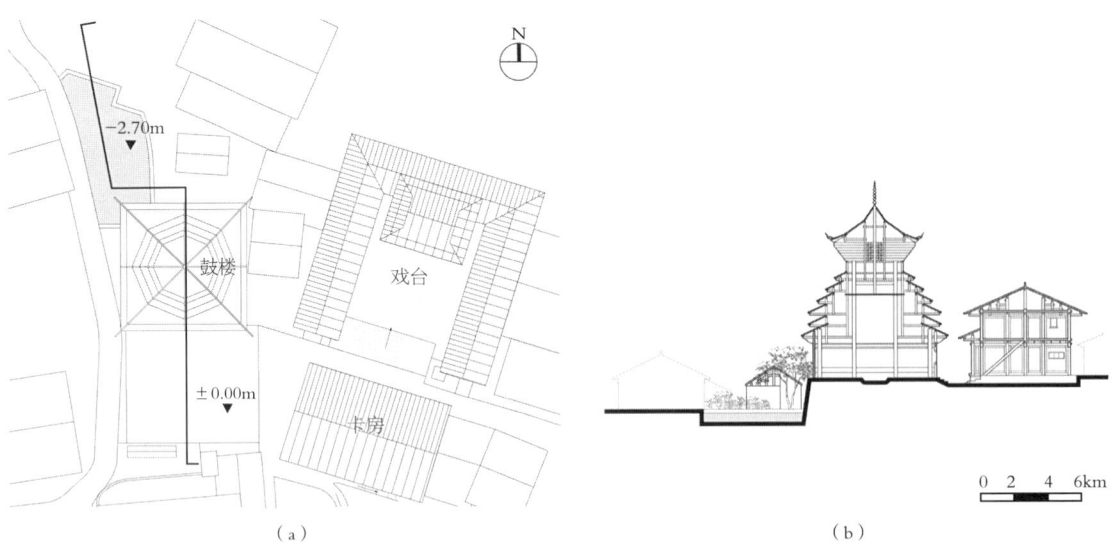

（a） 　　　　　　　　　（b） 　　　　　　　　　（c）

（d） 　　　　　　　　　（e） 　　　　　　　　　（f）

图3-7　高近村内与水有关的建筑和构筑

（a）　　　　　　　　　　　　　　　（b）

图3-8　水塘、鼓楼和民居的空间关系
（a）以鼓楼为中心的建筑群平面图；
（b）对应的剖面图

井周围也是聚落中的交往空间。高近民在村内一处泉井前扩建水塘，并修建井亭，维护着井泉为核心形成的重要水空间，并供村民日常休憩。

3.4　讨论

通过对聚落历史与当下不同尺度形态的描述，结合侗族的社会文化现象的分析，能够揭示侗族聚落在长期发展的过程中以水适应、水利用为核心的人工—自然耦合互动机制。不同尺度的空间在形态发展的过程中与水环境协同进化，并在诱导、制约、调适和协同效应下呈现出动态稳定的特征。

3.4.1　河谷：河道的诱导与制约效应

研究发现，水统率了物质要素对侗族聚落生产和生活的支撑，并形成了对于聚落选址及分布的诱导效应和制约效应。

侗族聚落通常在特定的河流环境中选址。河道冲击出的平坦地形易于建房，土壤适宜耕作。从聚落形成的历史看，四周有山地、河道的环境能够提供天然的保护屏障，人们倾向于在这样的环境中营建聚落[34]。被当地人称为"坝子"的河谷平坝地区十分符合这些要求，是侗族人在选址择居的过程中形成的一种相对稳定的空间概念，也成为侗族赖以发展的物质和空间基础[35]。

在水环境的诱导效应下，聚落在河谷中形成了统一、连续的空间形态。同许多山地聚落类似，早期沿河定居的侗族聚落多为背山面水的空间格局，前方是平稳流动的水体、农田，聚落后方为涵养水源的山林[36, 37]。绝大多数聚落都位于汇水处，因为这些地方更容易收集降水，一部分可以成为聚落外围农业灌溉的水源[38]；一部分则能被居民通过水渠引入聚落内部加以改造利用，形成内部水利系统。由于聚落位于山前坡缓，并且依附河道，人们能够直接在聚落旁侧整理农田，在实现自然无动力排水灌溉的同时[39]，也易于进行插秧、播种和日常维护。靠近河流营建聚落还方便了人们进行渔猎、染织等生产劳作，满足侗族人早期的基本生计需求[40]。

在水环境的制约效应下，河谷中的聚落空间扩张具有明确的方向性。受到狭窄山谷空间形态的限制，河谷中的侗族聚落多沿河流走向向上游或向下游发展，由此呈现出线性生长的规律。有研究表明，位于河谷平坝上的侗族聚落一般为母寨，在侗族聚落整体的发展历史中，属于较早形成的聚落[37]。而对后续发展出的侗族聚落来说，水依然是制约性因素。随着人口规模的进一步扩张，人地矛盾显现，小面积的平坝逐渐不能承载更多的人口。在这种情况下，人们会向上寻求发展空间，在更高海拔的山麓上开垦梯田，引水灌溉，形成新的聚落[37]。虽然如此，出于对水系可利用程度的考虑，侗族人仍倾向于在山谷中建设新的聚落以使其惯性的生计模式能够在新的生境条件下继续实施，并在发展过程中形成了对水资源的循环利用模式[41，42]。实际上，无论是平地还是坡地上的人工稻田，都作为生态湿地发育在侗族聚落的周围，反映着人们在特定水环境中自发的适应性管理[43]。

3.4.2 聚落：自然—人工协同效应

聚落形态在自然—人工协同效应下呈现出动态稳定的特征。水控制了建筑排列的方向性，社会文化则是聚落结构形成和分化另一方面的动因[44-46]。尽管各个聚落建设面积不断增加，但聚落与水的空间关系融洽，结构规则，边界清晰，这是自然—人工协同作用的结果。

河道的方向通过控制建筑排列的方向，进而控制了聚落的形态。形态为带状的聚落，其适宜建设的有限用地为河流和山谷交界地带的带状曲线，为了追随水资源，聚落在发展

的过程中也往往沿着河流走向呈现单核心或多核心线性发展
的趋势。团块型布局的聚落大部分位于河谷盆地谷底，这样
的地形条件也为其边界向四周蔓延发展提供了足够的空间。
自由型布局的聚落与地形有直接关系，择平地而布置，随地
形而生长，但都呈现出部分向水趋近、部分沿水发展或是在
河道对岸扩张与发展的趋势。

聚落的结构发展受到水的引导，另一方面也受社会文化
的影响[47-51]。侗族聚落形成早期，人们必须按照血缘组织来
获取生存资源，侗族传统聚落景观中的向心性格局正是其宗
族文化外在的表现[52]。这也证实了从聚落开始介入起，流域
就是一个社会生态系统[53]。长期以来，侗族聚落以这种模式
持续扩张，过程中分化出单核心、多核心等几类不同的结构
形态。新的聚落中心具有亲水性，而无论是聚落有几个核心，
其扩张的部分都呈现出向水趋近或沿水延伸的规律。

而河道作为最重要的划分聚落内外依据，是侗族人心理
认同的边界。在自然河道上，侗族人架设的风雨桥也是一种
重要的空间限定标志[54]，代表着侗族聚落的出入口，也成为
侗族特殊的文化景观。已有的研究也表明，水环境不仅作为
物理边界、法理边界，更是聚落的心理边界，塑造了传统聚
落的领域[55]。

3.4.3　建筑组团：与水相关的文化、技术的调节效应

聚落内部的组团空间中，各种水体形式体现着侗族人朴
素而智慧的理水方式，维持聚落生活的正常运转。这是与水
相关的文化和技术在聚落内部不断调适的结果。

侗族聚落中的水体多从实用功能出发，是居民生活和生
产的基础。亮江是高近洁净的活水水源，而位于村庄内部的
水塘、水井则提供了稳定可调蓄的生活用水。两种水系以沟
渠联通，形成了系统联动的水系取用资源[56]。同时，这些水
源也是农业生产的保证，在西南山地丘陵区细碎化的耕地上，

农民通过上述水系取用资源进行引流灌溉和蓄水灌溉，促进耕地集中连片发展，并在多变的气象变化中调整其耕作方式和引水量，以保证足够的粮食资源[57-59]。

聚落内部的水体微妙地改变着聚落的整体生态环境，提高其居住适宜度和安全度。聚落中随处可见的水塘的原初功能为消防用水，因为高近村内建筑多为以木构架为主的承重体系，且房屋密集，均匀分布的水塘成为村庄主要的消防水源。村庄重要的公共建筑多围绕水塘分布，如鼓楼、书院和禾仓，以便能够及时取水灭火，水塘也增加了空气湿度，大大降低了火灾的隐患。另外，水塘的存在也改变了聚落的小气候，提高村庄整体的居住舒适度[60]，一方面，对于大气环境而言，水体由于其特殊的反射率小而热容量大的特点，可以在受热期间增热到相当的深度并且积累大量的热量，在冷却期间又能将这些热量放出，加速气流运动[61,62]，特别是在夏季长期保持20℃以上的中国南方地区而言，水域周边的降温现象非常明显[63]，营造出"冬暖夏凉"的小气候。另一方面，对于地表径流而言，水塘和水渠可以看作是具有截留、储养和净化地表径流的水利工程[64-66]，在喀斯特地貌环境中减少地下水的开采压力，防止村庄内部的洪涝灾害。

聚落整体的水环境与其适应性也是居民通过长期的文化实践所产生的结果[67]，是社会文化与自然的磨合过程，由此赋予水体及其周边构筑物以文化属性和审美属性。不管风雨桥、鼓楼、戏台，或是水井边上的井亭，都是居民休闲、娱乐、家务等社会生活交往的场所，同时也是祭祀、议事、庆典等文化活动及政治参与的平台[68,69]。康德曾把公共空间界定为"待在一起的可能性"，它使社会中的主体相互作用，填充着空间变为"实在的东西"。侗族聚落中的水田、水口、水筑等特色水系空间，提升了聚落的物理环境质量，也是侗族社会生态系统的重要表征。

由此，能够总结出侗族聚落内以水为核心的人工—自然耦合互动机制（图3-9），这一机制阐释了聚落的水适应性过程。如前所述，流域中的空间层级包括河谷、聚落单体和建筑组团。这些空间受到与水相关的驱动力作用，其中，水系统是外部驱动力，而与水相关的文化和技术是内部驱动力，两者之间相互影响。各类空间发生的动态演进，可以用诱导效应、制约效应、协同效应和调适效应来解释。因此，各层次的空间产生紧密的互动，构成了可持续的与水相关的人居环境。

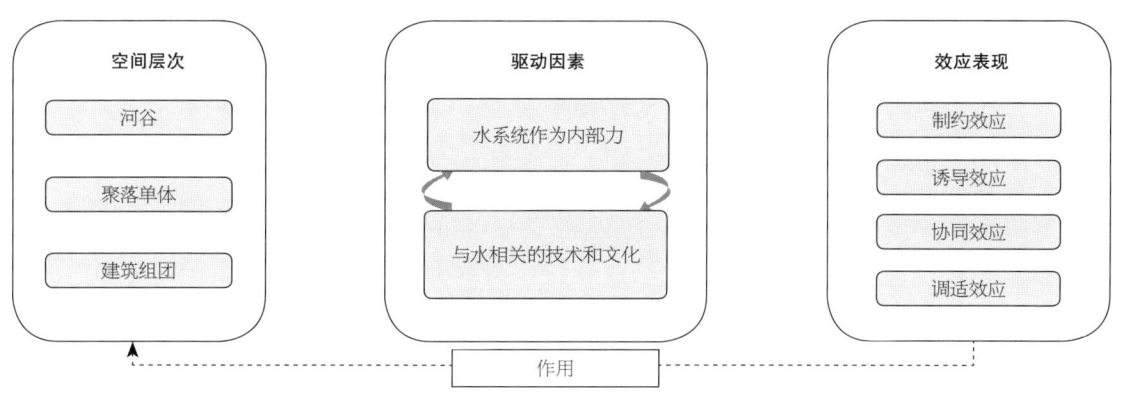

图3-9　侗族聚落以水为核心自然—人工
耦合互动机制

3.4.4　政策建议

乡村聚落具有鲜明的地方性特征，对于世界文化多样性的可持续发展尤为关键。从这个意义上说，本研究对于与水相关的乡村发展与未来的乡村规划具有重要的参考价值。我们的研究发现，水系是侗族乡村聚落空间发展的关键物质核心，河流和与水相关的基础设施是聚落生活的重要保障。因此，未来的管理政策应强调保护聚落外部水系，严格控制开发边界，旨在保护乡村景观与乡村人居遗产。要支持聚落内部水利系统建设，保留传统的水系统，并进行针对水系统经济和可持续性的更新改造方案，在人对水的需求和河流生态系统之间取得平衡[70]。此外引入水质和防洪监测技术以保障聚落内部的水安全同样重要[71]。研究支持了水是侗族聚落的精神核心的观点。各种形式的水体作为承载公共生活、社会文化的物质载体，正在逐渐成为重要的文化景观[72]。因此，规划者要保护与水相关的传统建筑和公共空间，发挥水系的文化凝聚力。最后，水系统的创造者与使用主体的作用至关重要，规划者们需要借鉴侗族人民长期以来在实践中形成的生态智慧，并鼓励社区共同体对水资源进行自发的适应性管理。

3.5　结论

过去的几十年里，中国城市化的快速发展极大地促进了经济发展，但也给乡村地区带来了各种挑战，其中包括了空间风貌的同质化和地方性特征的丧失。中国侗族聚落在发展的过程中呈现了有序、自然的结构变化，在河谷、聚落和建筑组团三个尺度的空间内都体现了水适应性特征，为应对这些挑战提供了启示。研究讨论了以水适应和水利用为核心的人工—自然耦合互动过程和机制，以水系的诱导效应和制约效应解释了河谷层面上侗族聚落选址布局，以人工—自然协同作用解释了侗族聚落形态扩张和结构变化中的规律，以调适效应解释了各组团内部的水环境与水功能的互构。在此基础上，我们建议在经济、旅游等外部因素大规模介入乡村聚落的时期，应该更多地关注对聚落内外支撑要素的保护，使这些核心要素能够持续稳定地发挥其物质功能，及其对于土著居民的心理支持作用。

参考文献

[1] CAI E, LIU Y, LI J, et al. Spatiotemporal Characteristics of Urban-Rural Construction Land Transition and Rural-Urban Migrants in Rapid-Urbanization Areas of Central China. Journal of Urban Planning and Development, 2020, 146 (1): 05019023.

[2] TAN M, LI X. The changing settlements in rural areas under urban pressure in China: Patterns, driving forces and policy implications[J]. Landscape and Urban Planning, 2013, 120: 170-177.

[3] QU L, LI Y, FENG W. Spatial-temporal differentiation of ecologically-sustainable land across selected settlements in China: An urban-rural perspective[J]. Ecological indicators, 2020, 112: 105783.

[4] DOLEJŠ M, NÁDVORNÍK J, RAŠKA P, et al. Frozen histories or narratives of change? Contextualizing land-use dynamics for conservation of historical rural landscapes[J]. Environmental management, 2019, 63 (3): 352-365.

[5] FALCUCCI A, MAIORANO L, BOITANI L. Changes in land-use/land-cover patterns in Italy and their implications for biodiversity conservation[J]. Landscape ecology, 2007, 22 (4): 617-631.

[6] BEST J. Anthropogenic stresses on the world's big rivers[J]. Nature Geoscience, 2019, 12 (1): 7-21.

[7] WEIGELHOFER G, BRAUNS M, GILVEAR D, et al. Riverine landscapes: Challenges and future trends in research and management[J]. River research and applications, 2021, 37 (2): 119-122.

[8] ADAMS W M. Indigenous use of wetlands and sustainable development in West Africa[J]. Geographical journal, 1993, 159 (2): 209-218.

[9] GOLDSTEIN P S, MAGILLIGAN F J. Hazard, risk and agrarian adaptations in a hyperarid watershed: El Nio floods, streambank erosion, and the cultural bounds of vulnerability in the Andean Middle Horizon[J]. Catena, 2011, 85 (2): 155-167.

[10] KOMAKECH H C, MUL M L, ZAAG P, et al. Water allocation and management in an emerging spate irrigation system in Makanya catchment, Tanzania[J]. Agricultural water management, 2011, 98 (11): 1719-1726.

[11] MENG F L, HE Y. Study on the spatiotemporal features and evolution of alpine nomadic settlements from the perspective of ecological wisdom: case study of qiongkushitai village in xinjiang, China[J]. Applied ecology and environmental research, 2019, 17 (6): 13057-13073.

[12] PÍO-LEÓN J F, DELGADO-VARGAS F, MURILLO-AMADOR B, et al. Environmental traditional knowledge in a natural protected area as the basis for management and conservation policies[J]. Journal of environmental management, 2017, 201: 63-71.

[13] CAMPOS D, FORT J, VICEN M. Transport on fractal river networks: Application to migration fronts. Theoretical Population Biology[J], 2006, 69 (1): 88-93.

[14] CEOLA S, LAIO F, MONTANARI, A. Human-impacted waters: New perspectives from global high-resolution monitoring[J]. Water Resources Research, 2015, 51 (9): 7064-7079.

[15] SENKONDO E M M, MSANGI A S K, XAVERY P, et al. Profitability of rainwater harvesting for agricultural production in selected semi-arid areas of Tanzania[J]. Journal of applied irrigation science, 2004, 39 (1): 65-81.

[16] WANG F, GAO C. Settlement‐river relationship and locality of river-related built environment[J]. Indoor and built environment, 2020, 29（10）: 1331-1335.

[17] DU L, PENG X, WANG F. City walking-trace: How watershed structure and river network changes influenced the distribution of cities in the northern part of the North China Plain[J]. Quaternary International, 2019, 521（Jun.30）: 54-65.

[18] WANG R, EISENACK K, TAN R. Sustainable rural renewal in China: Archetypical patterns[J]. Ecology and society, 2019, 24（3）: 32.

[19] 罗康智. 传统文化中的生计策略[M]. 北京: 民族出版社, 2009.

[20] FERRETTO P W, CAI, L. Village prototypes: a survival strategy for Chinese minority rural villages[J]. The Journal of Architecture, 2020, 25（1）: 1-23.

[21] FANG Y, JAWITZ J W. The evolution of human population distance to water in the USA from 1790 to 2010[J]. Nature communications, 2019, 10（1）: 430.

[22] DAYARATNE R. Toward sustainable development: Lessons from vernacular settlements of Sri Lanka[J]. Frontiers of Architectural Research, 2018, 7（3）: 334-346.

[23] 吴俊范. 宋元以来太湖东部平原聚落形态的分化及驱动机制[J]. 中国历史地理论丛, 2016, 31（2）: 14-26.

[24] 张纵, 高圣博, 李若南. 徽州古村落与水口园林的文化景观成因探颐[J]. 中国园林, 2007（6）: 23-27.

[25] 张卫东, 庞亚斌. 600年鲍屯水利探考[J]. 中国水利, 2007（12）: 51-55.

[26] 孙天胜, 徐登祥. 风水——中国古代的聚落区位理论[J]. 人文地理, 1996（S2）: 60-62.

[27] 蔡凌. 侗族聚居区的传统村落与建筑[M]. 北京: 中国建筑工业出版社, 2007.

[28] 陆永刚. 论侗族对水资源的利用及其生态价值——以贵州黎平黄岗村为例[J]. 贵州民族学院学报（哲学社会科学版）, 2008（4）: 23-28.

[29] 廖君湘, 南部侗族传统文化特点研究[M]. 北京: 民族出版社, 2007.

[30] QIN F, FUKAMACHI K, SHIBATA S. Changes in indigenous natural resource utilisation regimes in dong ethnic minority village in southwest china[J]. Landscape and ecological engineering, 2021, 17（3）: 323-337.

[31] 崔海洋. 侗族稻田与森林和谐共存模式的启示——以黄岗侗族规避生态脆弱环节智慧为例[J]. 生态经济, 2009（3）: 136-139.

[32] 贵州省侗学研究会. 侗学研究[M]. 贵阳: 贵州民族出版社, 1998.

[33] 石开忠. 从"六洞"、"九洞"地区的社会历史资料探讨侗族的"款"[J]. 贵州文史丛刊, 1992（2）: 129-132.

[34] LIGHTFOOT K, PAYNTER R. Models of Spatial Inequality: Settlement Patterns in Historical Archaeology[M]. New York: Academic Press, 1982.

[35] 廖开顺. 侗族水文化与文化记忆[J]. 宜春学院学报, 2014, 36（4）: 69-74.

[36] FUKAMACHI K. Sustainability of terraced paddy fields in traditional satoyama landscapes of Japan[J]. Journal of environmental management, 2017, 202: 543-549.

[37] ZHOU Z, JIA Z, WANG N, et al. Sustainable mountain village construction adapted to livelihood, topography, and hydrology: A case of Dong Villages in Southeast Guizhou, China[J]. Sustainability, 2018, 10（12）: 4619.

[38]　崔海洋．人与稻田——贵州黎平黄岗侗族传统生计研究[M]．昆明：云南人民出版社，2009．

[39]　OMODEI B. Accuracy and uniformity of a gravity-feed method of irrigation[J]. Irrigation science, 2015, 33（2）: 121-130.

[40]　罗康隆，杨曾辉．生计资源配置与生态环境保护——以贵州黎平黄岗侗族社区为例[J]．民族研究，2011（5）：33-39+108-109．

[41]　Cui H. The inspiration from harmonious coexist module between rice field and forest of the dong nationality—— take the wisdom of Dong People from huanggang avoiding ecological vulnerable link as an example[J]. Ecological Economy, 2009, 5（3）: 136-139.

[42]　Luo K, YANG Z. The allocation of livelihood resources and ecological environment protection: A case study in Huanggang Dong Minority Village of Liping County in Guizhou Province[J]. Ethno-National Studies, 2011, 11（5）: 33-39+108-109.

[43]　SAYER J, SUNDERLAND T, GHAZOUL J, et al. Ten principles for a landscape approach to reconciling agriculture, conservation, and other competing land uses[J]. Proceedings of the national academy of sciences, 2013, 110（21）: 8349-8356.

[44]　王飒．中国传统聚落空间层次结构解析[D]．天津：天津大学，2012．

[45]　沈姝君．文化变迁视野下闽南传统聚落空间解析[D]．上海：华东理工大学，2016．

[46]　温泉．西南彝族传统聚落与建筑研究[D]．重庆：重庆大学，2016．

[47]　DOXIADIS C A. Ekistics, the science of human settlements[J]. Science, 1970, 170（3956）: 393-404.

[48]　FUJI, A. Settlement investigation[M]. Tokyo: Kenchiku shiryo Kennkyusha Co., Ltd. 2000.

[49]　彭一刚．传统村镇聚落景观分析[M]．北京：中国建筑工业出版社，1992．

[50]　张楠．作为社会结构表征的中国传统聚落形态研究[D]．天津：天津大学，2011．

[51]　吴勇．山地城镇空间结构演变研究[D]．重庆：重庆大学，2013．

[52]　夏斐．侗族传统村寨聚落中临水景观研究[D]．昆明：昆明理工大学，2012．

[53]　TREBITZ K I, WULFHORST J D. Relating social networks, ecological health, and reservoir basin governance[J]. River research and applications, 2020, 37（2）: 198-208.

[54]　祝家顺．黔东南地区侗族村寨空间形态研究[D]．成都：西南交通大学，2013．

[55]　李睿．西江流域传统村落形态的类型学研究[D]．广州：华南理工大学，2015．

[56]　周政旭．贵州南侗地区山地聚落人居环境营建初探[J]．城市与区域规划研究，2016，8（1）：112-136．

[57]　高璇，角媛梅，刘澄静，等．巴厘岛梯田景观苏巴克灌溉系统及其生态水文效应研究进展[J]．生态学杂志，2019，38（3）：873-881．

[58]　MCCORD P, WALDMAN K, BALDWIN E, et al. Assessing multi-level drivers of adaptation to climate variability and water insecurity in smallholder irrigation systems[J]. World development, 2018, 108: 296-308.

[59]　祖健，张蚌蚌，孔祥斌．西南山地丘陵区耕地细碎化特征及其利用效率——以贵州省草海村为例[J]．中国农业大学学报，2016，21（1）：104-113．

[60]　OFFERLE B, ELIASSON I, GRIMMOND C S B, et al. Surface heating in relation to air temperature, wind and turbulence in an urban street canyon[J]. Boundary-Layer meteorology, 2007, 122（2）: 273-292.

[61]　梁健．坡地型传统聚落环境空间形态的气候适应性特点初探[D]．西安：西安建筑科技大学，2015．

[62] SYAFII N I, ICHINOSE M, KUMAKURA E, et al. Thermal environment assessment around bodies of water in urban canyons: A scale model study[J]. Sustainable cities and society, 2017, 34: 79−89.

[63] HATHWAY E A, Sharples S. The interaction of rivers and urban form in mitigating the Urban Heat Island effect: A UK case study[J]. Building and environment, 2012, 58: 14−22.

[64] 吴丹. 黔东南岜扒村水生态基础设施规划设计研究[D]. 西安: 西安建筑科技大学, 2018.

[65] 赵斌, 张建华, 孔亚暐. 基于防洪视角的传统聚落水系空间结构探析——以北方四省泉水聚落为例[J]. 华中建筑, 2014, 32（10）: 112−116.

[66] 张杰, 陶金. 喀什地区传统村落与水的关系研究[J]. 住区, 2011（5）: 116−121.

[67] O'BRIEN M J, HOLLAND T D. The role of adaptation in archaeological explanation[J]. American antiquity, 1992, 57: 36−59.

[68] 陈竹, 叶珉. 什么是真正的公共空间？——西方城市公共空间理论与空间公共性的判定[J]. 国际城市规划, 2009, 24（3）: 44−49+53.

[69] YOUNG I M. The ideal of community and the politics of difference[J]. Social theory and practice, 1986, 12（1）: 1−26.

[70] PIÉGAY H, COTTET M, LAMOUROUX N. Innovative approaches in river management and restoration[J]. river research and applications, 2020, 36（6）: 875−879.

[71] POLEDNIKOVÁ Z, GALIA T. Photo simulation of a river restoration: Relationships between public perception and ecosystem services[J]. River research and applications, 2020, 37（1）: 44−53.

[72] YU H, VERBURG P H, LIU L, et al. Spatial analysis of cultural heritage landscapes in Rural China: Land use change and its risks for conservation[J]. Environmental management, 2016, 57（6）: 1304−1318.

（本章部分内容经改写和翻译刊载于《River Research and Applications》Volume 39, Issue 7.）

第 4 章
公共空间特征及文化表达

本章作者：徐荣芳，高梦瑶，许园婧，周政旭

摘要：黔东南侗族聚落中有类型丰富、功能多样、地方性突出的公共空间，是侗族社会与文化的象征。通过实地田野调查、测绘、历史文献研究、形态学对比等方法，讨论鼓楼、萨坛、风雨桥三类主要公共空间要素的形态特征，梳理以此为核心的公共空间组织方式，揭示公共空间背后的文化含义，并将其总结为向心性、层级性、领域性和适应性。黔东南侗寨公共空间丰富的类型特征与鲜明的形态特征是其所处自然环境、社会组织结构及其民族文化综合作用的结果。传统的自然环境与相对稳定的生活方式共同塑造寨内公共空间格局，也是长期存续的侗族社会文化的外向表达。

4.1 引言

"公共空间"作为一个特定名词最早出现于1950年的社会学和政治哲学著作[1]。1960年初，在芒福德[2]和雅各布斯[3]等学者的著作中，公共空间的概念逐渐引入城市规划及相关领域中，扬·盖尔[4]、凯文·林奇[5]则阐述了相应的认知与分析方法。近年来，较多学者开始逐步关注乡村聚落的公共空间研究。国内在乡村聚落公共空间类型的研究方面，有的侧重于聚落公共空间内在本质特点，从聚落公共空间的性质、功能对聚落公共空间进行归类，如郑霞在《论传统村落公共交往空间及传承》中提出根据公共空间性质将其分为物态空间和意态空间两大类[6]，周政旭在黔中白水河谷研究中根据布依族聚落公共空间的功能将其分为集会与交流空间、仪式空间、防卫空间、交通空间四大类[7]；有的偏向于聚落公共空间外在的表现特点，主要从聚落公共空间的形态、存在时间、方式等来分类，如王静文在桂北传统聚落的研究中根据物质形态将其分为点状、线型以及面状空间三类[8]，吴晓丹在《公共空间的层次与变迁——村落公共空间形态分析》中提出根据公共空间的存在时间将其划分为固定公共空间和暂存性公共空间[9]。

在村寨公共空间的特征研究方面，一种是体现村寨公共空间的社会属性，梅策迎认为传统聚落公共空间存在着独特的几何学，反映了社会政治关系，也是社会生活的具体化，如同提供了一个能容纳各自社会关系发生的平台[10]；另一种是体现村落公共空间的物质属性，有研究者从村落公共空间的物质组合方式上来描述其特征，吴斯真在研究桂北侗族传统聚落的基础上提出公共空间的群体组合是按一定功能顺序和结构关系不断发展整合的结果[11]。

随着时代的变化，人们开始关注乡土建筑和聚落空间所表达的文化价值，通过有形遗产与无形文化的交互作用共同形成独特的活态文化。对于乡土建筑，赵晓梅提出建筑空间是对历史、社会组织、生产方式、艺术审美、精神信仰及价值观念等整个文化体系的表达[12]。对于聚落空间，姜又春在《侗族村寨聚居模式的空间结构与文化表征》中认为聚落作为一个物理空间的同时也是人类活动及创造文化的载体，并将侗族聚落的内在空间划分为神圣空间和世俗空间[13]。

迄今，学术界对侗族村寨公共空间的研究及其文化表达也逐渐增多，许多学者开始对侗族村落公共空间的要素、形态、布局、功能、文化内涵等进行相关研究。比如刘骏将堂安侗寨公共空间的景观要素分为地形、建筑、水体、植物、其他要素五类[14]；李伯华对湘西南侗地区的研究通过图示语言揭示公共空间的布局与特征[15]；范俊芳将侗寨空间布局形态分为团状、带状、自由衍生状三类[16]。在上述侗寨公共空间的相关研究中，研究者们大多关注侗寨的公共空间形式、空间格局，或者仅关注某个村寨的空间体系结构，鲜有学者对侗寨公共空间的空间要素、空间组织以及整体布局进行相关系统性研究。

聚落公共空间的研究方法多数是建立在田野调查的基础上进行分析总结，因此团队对黔东南内侗寨进行系统踏勘，走访黔东南众多具有原真性、完整性保存较好的侗族村落群体，并对其中的15个典型村寨进行详细测绘。通过调研总结发现贵州黔东南山地地区的侗族聚落在长期的演变过程中，形成极具地方性的聚落空间形态。但综合现有相关侗族公共空间研究而言，大部分研究多集中在公共建筑的建造技巧、村寨的空间形态，从空间要素到整体构成进行全面研究的文献甚少，因此本文基于既有的研究结果和坚实的基础资料，从空间要素、组织结构、文化特征三个不同层次对侗寨公共空间进行解读。首先，从寨内鼓楼、风雨桥、萨坛三类重要构成要素的产生、功能及特点出发进行描述与分析，这些空间在向心的结构秩序目标下，逐渐形成以鼓楼为核心的房族，房族内不同要素共同组合形成丰富的核心空间组团并成为侗族精神标志的象征；其次，将侗寨公共空间归纳为四种类型，外在原因受不同的周围环境和自然资源的影响，究其本质发现不同类型产生的内在原因是社会和意识层面影响下的侗族观念；最后，通过向心性、层级性、领域性和适应性共同阐释侗寨公共空间的鲜明特征及其文化表达。综上所述，本文系统厘清侗寨公共空间的功能关系及文化特征，有助于进一步探究黔东南侗族公共空间形成的形成机制与发展规律，并为侗族的保护与开发工作提供有益的参考。

4.2　公共空间的构成要素

4.2.1　鼓楼及其周边空间

侗族的历史中，一直有着"未建寨子，先建鼓楼"的古训。关于侗族鼓楼的起源与发展，20世纪80年代起，大量研究者对其进行了考证[17-20]，从中可以整理出鼓楼的发展历程。最早的鼓楼是侗族祖先原始简陋的集体住宅，其初始功能是遮阳避雨，他们认为有了鼓楼，等于寨中有了"遮阴树"；没有鼓楼等于寨中缺少"遮阴树"。一个没有"遮阴树"庇护的寨子，"是不会兴旺发达的"。所以，侗家每建成一个新的侗寨后，必然要在寨中修建鼓楼[14]，因此称之为"遮阴树"。尔后人们逐渐在其周围筑房形成聚族而居的团寨，"遮阴树"的功能也开始发生转换，变成聚众活动、聚众议事的场所，被称为"卡房"[21]，成为家族公众聚会之处。后来，鼓楼功能进行进一步扩充，发挥"置鼓报警、传递信息"的作用[22]。氏族日常在此议事，组织兴修水利、开山造田、评议物价等生产和经济活动及排解各种纠纷，逐渐发展成族内的公共活动中心。如果村寨中发生火灾或出现匪情等突发情况，登楼击鼓为号，人们听到鼓声就会迅速聚集到鼓楼公共商议对策，互相支援，共渡难关。每逢佳节时，侗族人都会穿上盛装聚集在鼓楼前舞龙灯、唱侗戏、跳笙舞等。

随着侗族村寨的发展壮大，鼓楼的功能日渐重要，在村寨中占据着关键位置[23, 24]。每个村寨中会形成一组以鼓楼为核心的重要公共空间，鼓楼四周配有戏台、水塘、河流、卡房、风雨桥等公共空间要素，围合形成一个活跃的公共活动中心。根据公共空间组成要素的不同，鼓楼周围公共空间组团由简到繁大致可以分为以下三种类型：

一是相对简单的中心组团类型，鼓楼、住宅和戏台相结合的方式十分常见[25]。增冲村鼓楼（图4-1）东南侧的水池为周边居民提供日常生活需求，西侧是民间节日活动的戏台，使增冲鼓楼及其周围的公共活动空间成为村内重要的社会和宗教活动场所。

二是在水塘的基础上结合风雨桥、农田要素，形成较丰富的公共活动中心。四寨坪城鼓楼（图4-2）西侧溪水与风雨桥结合，东靠民居建筑，形成"街道—古树—风雨桥—鼓楼—居民建筑"的空间序列。银潭上寨鼓楼（图4-3）属于开敞空间，紧邻田地和广场，主要道路横穿而过，空间的围合限定感不强，视野开阔，但由于鼓楼的标志性，仍具有强烈的中心感。黄岗侗寨中的一个鼓楼（图4-4）周围空间完全由水池包围，形成视野开放的中心空间组团。

三是最复杂的空间组团，鼓楼综合戏台、萨坛、卡房等空间要素，进一步加强公共属性，形成具有复合功能的空间，使中心空间具有空间多义的特征[25]。鼓楼在侗寨内具有崇高的地位，代表着氏族的荣誉，是侗寨团结吉祥的象征，兴旺的标志，齐心的表现，因此村寨的经济得到发展以后最先合力修建鼓楼，例如岜扒村坪寨鼓楼（图4-5）空间组团兼容了新旧两座鼓楼建筑，旧鼓楼为干栏式建筑，新鼓楼则为四柱鼓楼，且坪寨鼓楼与戏台紧靠，共用广场空间，成为节日活

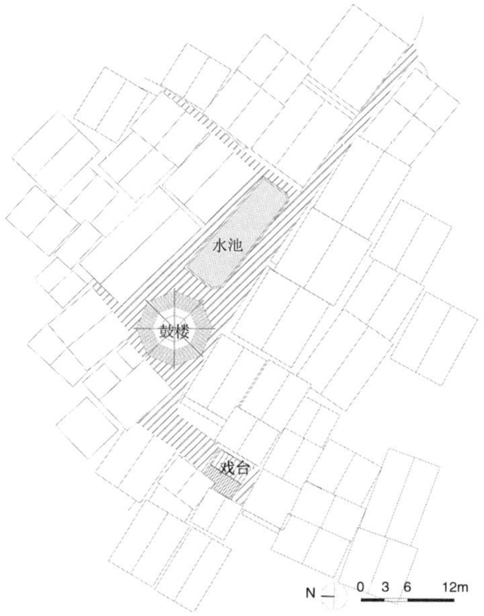

水池

鼓楼

戏台

N — 0 3 6 12m

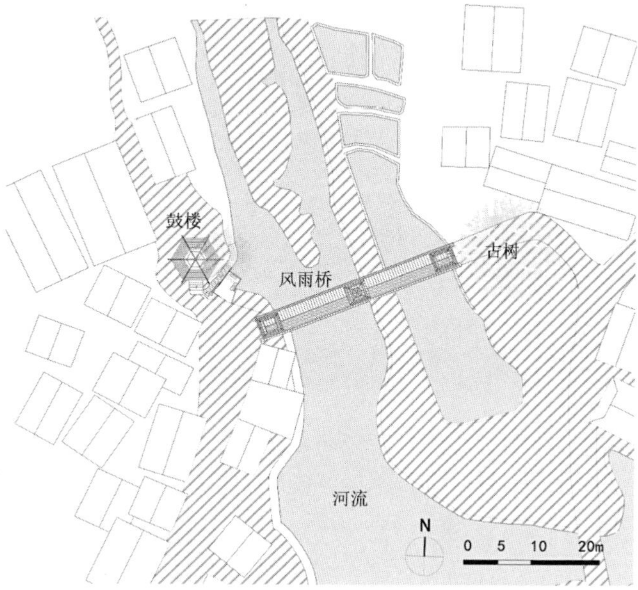

鼓楼

风雨桥

古树

河流

N 0 5 10 20m

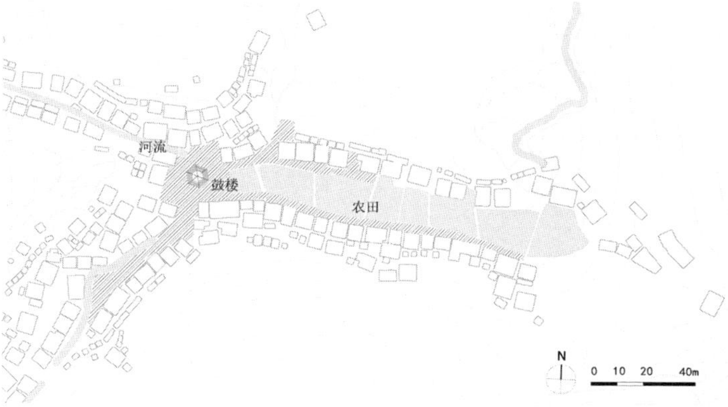

河流

鼓楼

农田

N 0 10 20 40m

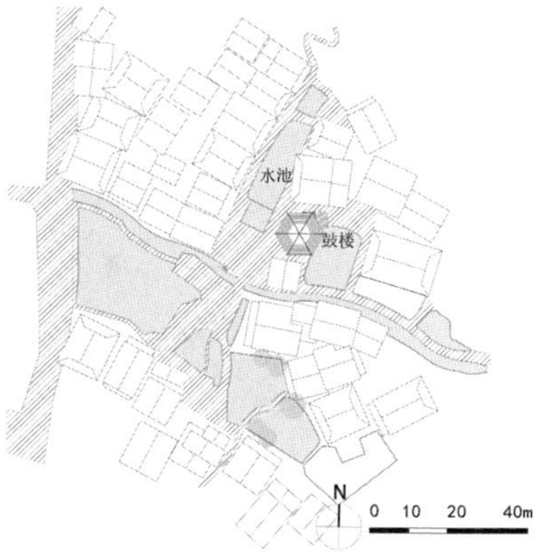

水池

鼓楼

N 0 10 20 40m

图4-1 增冲村鼓楼（左上）

图4-2 四寨坪城鼓楼（右上）

图4-3 银潭上寨鼓楼（左下）

图4-4 黄岗侗寨鼓楼（右下）

动的重要组成部分。占里侗寨处于山间小盆地内，占里侗寨鼓楼（图4-6）周围的空间受到地形影响，第一台层是戏台与居民建筑的融合，第二台层作为开敞的中心空间仅设置鼓楼和鼓楼坪，第三台层的水池作为过渡空间，形成多层次的开放空间组团。高近村鼓楼（图4-7）北依水塘，东临戏台与卡房（卡房作为侗族鼓楼的最初形式，由众人集资修建公共建筑，被侗民称为"堂卡"或"堂瓦"，"堂"是众人之意，"瓦"为话说之意，卡房是众人议事的场所——聚堂[25]）。主路将广场空间与鼓楼空间分隔，经过鼓楼一侧的小道到达卡房与戏台，为公共生活提供充足的空间。

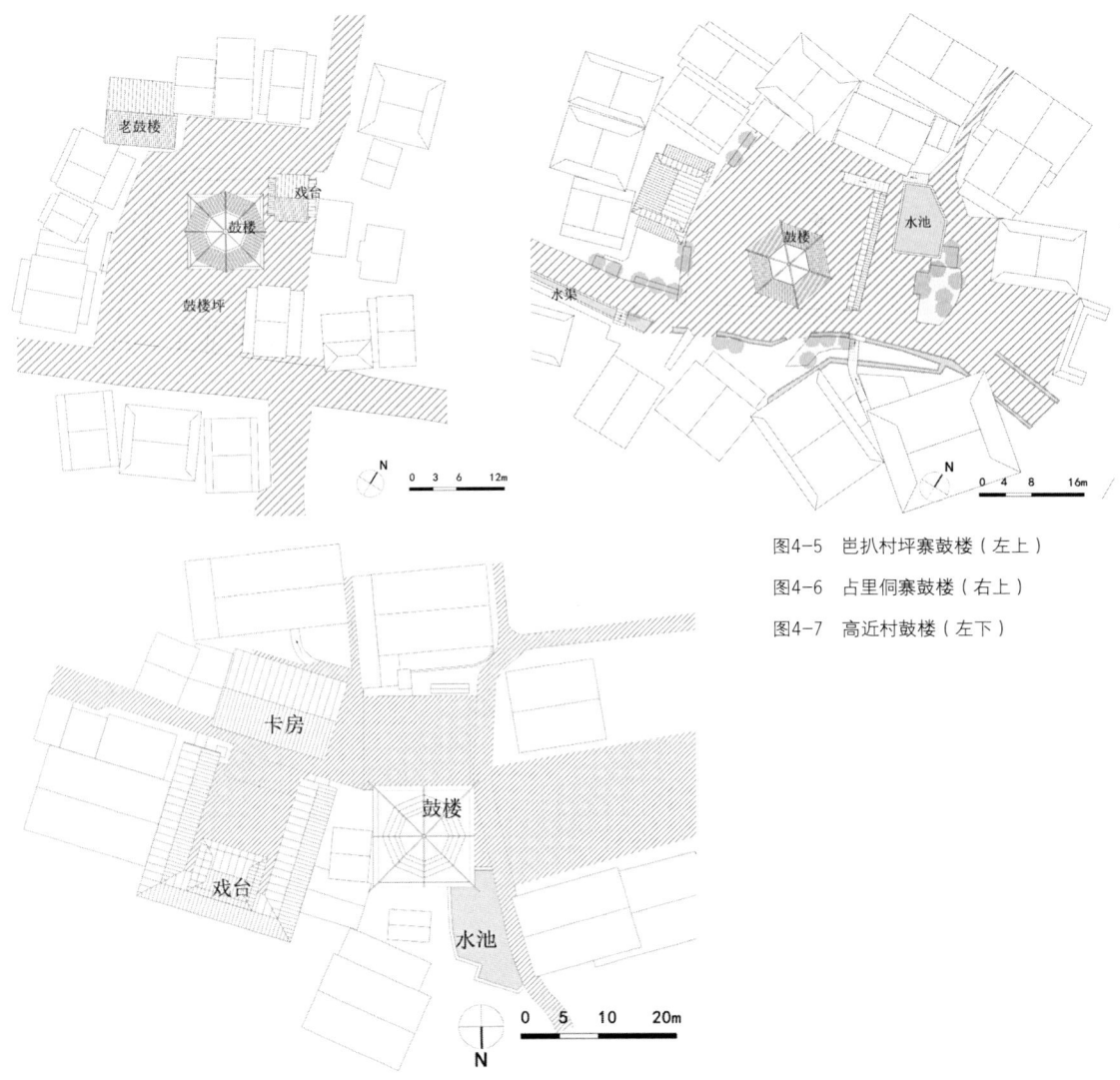

图4-5 岜扒村坪寨鼓楼（左上）
图4-6 占里侗寨鼓楼（右上）
图4-7 高近村鼓楼（左下）

4.2.2 风雨桥及其周边空间

在侗族村寨中，风雨桥也是重要的标志性建筑。风雨桥又名廊桥（桥上有廊而得名）、花桥（装饰艳丽而得名）、福桥（风水好而得名），因行人过往能躲避风雨，故称为风雨桥。风雨桥由桥顶、桥面、石桥墩组成，是上为长廊、下为桥墩的木桥横跨溪河之上的交通建筑。它不仅为人们提供较为安全方便的通道，同时也是侗族村民们平常在此休憩交往的空间。风雨桥常建在寨头村脚的河水上，有的风雨桥也建在陆地坑洼处，称为"干桥"，同时起到培修风水的作用，侗寨中大多将风雨桥和寨门作为整体进行建造，发挥着寨门的作用，有的风雨桥建在鼓楼旁的小溪上，和鼓楼组合成村寨的中心交往空间。就其功能特点来说，风雨桥具有一定的中心意义，是村寨中仅次于鼓楼的副中心。

风雨桥是村寨的一种边界标识。增冲三面临河，一面靠山，五座风雨桥是帮助村民渡河的主要交通通道（图4-8）。堂安仅有一座风雨桥，修建在村外临近河边的陆地上，离寨门稍远的地方（图4-9）。占里的三座风雨桥建于村落西侧

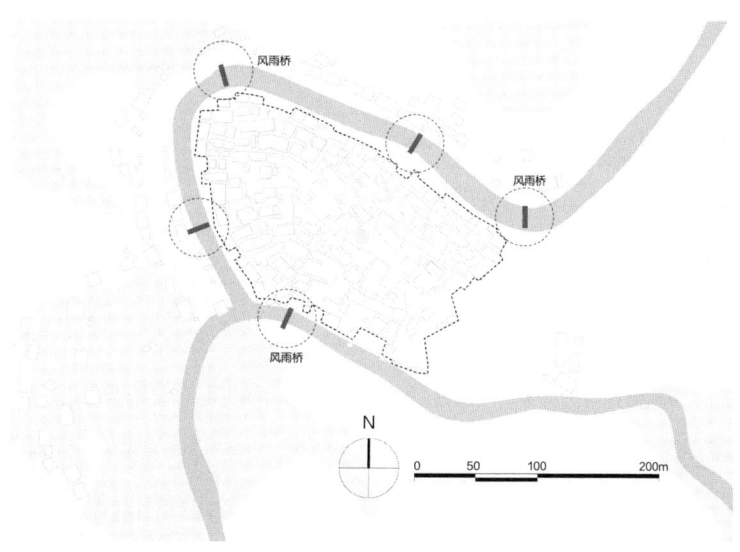

图4-8　增冲村风雨桥

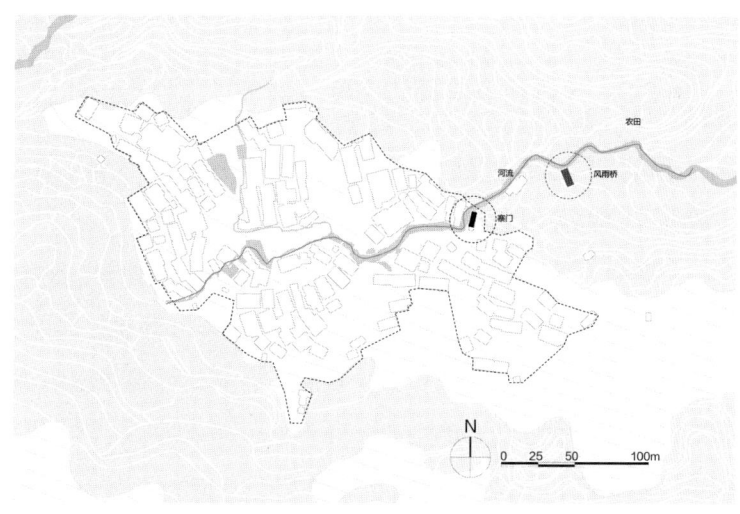

图4-9　堂安侗寨风雨桥

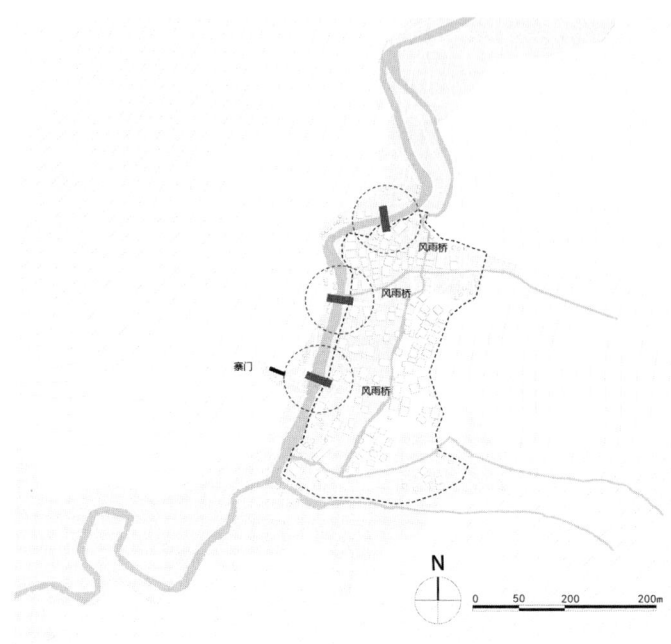

图4-10　占里村风雨桥

的河流之上，南边的风雨桥靠近寨门，起着划分边界的作用（图4-10）。

4.2.3　萨坛及周边空间

侗族向来有着"未置门楼，置缝'堆头'，未置寨门，先置'堆并'"[26]的习俗。意为修寨门之前要先安置好"萨岁"的地祇，未修建房屋之前，先建好"萨岁"的祠堂。"萨"在侗族词汇里是奶奶、祖母的意思[27]，是侗族社会中信仰最持久、最虔诚的神，是很多村寨群共同崇拜的祖先或原始宗教领袖，每到逢年过节或寨中有红白喜事时，便会在萨坛举行祭祀活动，在一年中最热闹的节庆时，还会先进行请萨神的仪式，人们的生产生活琐事、文化娱乐都要祭萨岁。

不同村寨萨坛的位置有所不同，有的位于寨中毗邻鼓楼之处，有的位于寨内隐蔽僻静之所。有的位于寨外显著之地。在四寨村落布局中，鼓楼作为主要的社会活动空间占据中心位置，萨坛是信仰活动的中心，并不处于村落中心。四寨村内有三座萨坛，分别是总萨坛、高宰萨坛、坪城萨坛，皆位于寨内的僻静之处，每个萨坛由不同的宗族管理，不同的萨坛保护着不同的寨子，掌萨的人必须是吴姓，外姓不能掌管。在四寨的发展过程中，宰丢片区最早发展起来，总萨坛位于宰丢片区，建于1991年4月15日，平日萨坛是锁着的，只有大庆节日才打开萨门。总萨坛的萨神并没有鲜明的形象，而只是用一块片石砌成的圆形土堆，十分朴实，萨坛有正方形木房维护。随后高宰片区逐渐形成，高宰萨坛也由此产生，最终坪城片区形成，其萨坛也随之建立（图4-11）。

图4-11　四寨萨坛

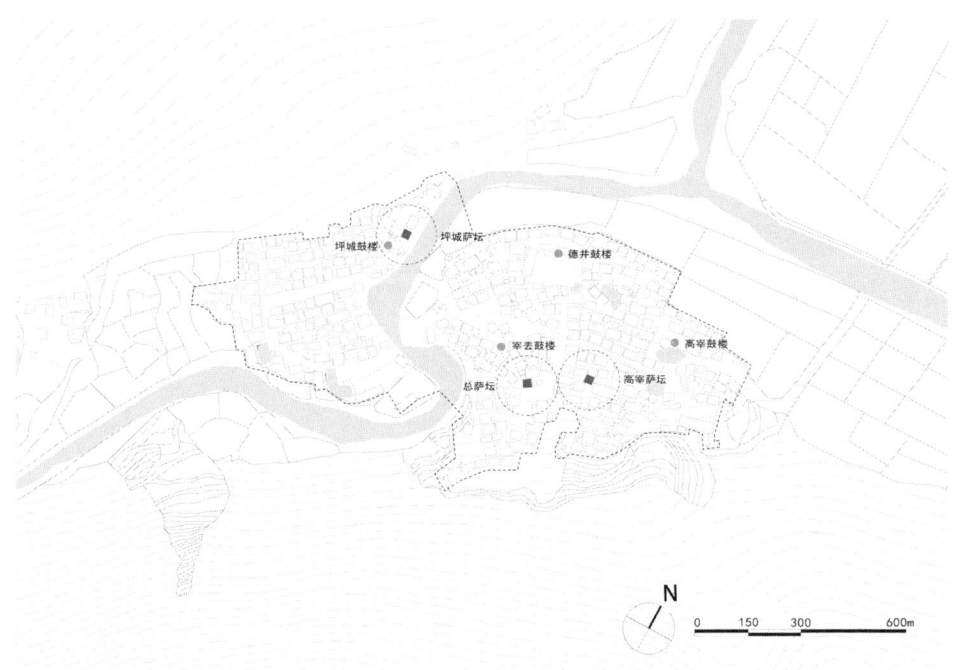

4.3　公共空间的组织方式

　　侗寨公共空间是侗民日常休息、娱乐、交流的场所，也体现了侗族人民的情感寄托和民族文化的延续与发展，包含鼓楼、萨坛、风雨桥三个重要的公共空间要素以及戏台、水塘、古井、禾凉等其他公共空间要素，各要素之间通过不同的组合方式在寨内形成不同功能的公共空间组团，各组团与道路连接形成四种公共空间类型。

4.3.1 中心放射

中心放射是以鼓楼为聚落核心的高密度聚集形式,数条主要街巷由中心向外围发散,塑造了单点式的鼓楼公共生活中心,鼓楼具有很强的凝聚力。采用这种组织方式的侗族村寨,一般在选址和建寨过程中表现出对村寨中心的普遍重视,村寨内其他的公共空间通过放射状的交通联系,最终汇聚于寨心,形成中心放射的公共空间组合。

增冲村的公共空间序列是中心放射的典型代表(图4-12),其公共空间布局形态丰富,是多条具有向心性的线性公共空间汇聚到中心空间的布局形态。增冲村没有寨门,增冲河绕村而过,五座风雨桥结合口袋状河流形成天然屏障,边界感明显,风雨桥承担起寨门的功能,可供村民进行休憩、交流,经过风雨桥进入寨内,再经过民居,最终抵达寨心——增冲鼓楼。戏台、水池等空间丰富了核心公共空间的功能与观赏性,承载日常休闲娱乐活动及节日庆典活动,增冲村形成多条向心性"风雨桥—民居—鼓楼"的空间串联。

图4-12 增冲村公共空间组织

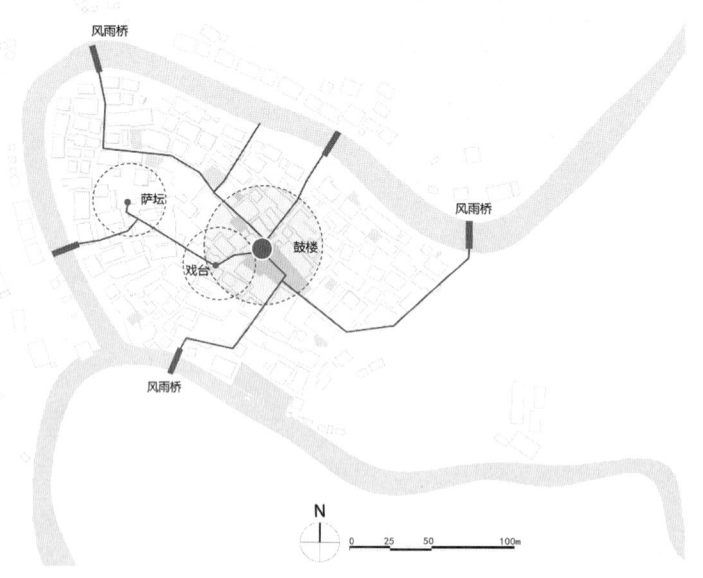

4.3.2 线型序列

这一公共空间序列的村寨受地形限制，整体布局沿河流、山体、交通运输线呈线性展开，河道与主街常成为村落延展的依据和边界。线型序列中最突出的特点是村落空间依附于街道的线性走势进行延伸拓展，由主要街道进行空间序列的串联，营造出丰富的空间关系与多变的序列感。

如堂安侗寨所依靠的弄抱山山体陡峭，四周被层层梯田环绕，形成山地聚落空间格局。堂安侗寨的公共空间序列（图4-13）依山就势，主要道路依据地形高低起伏，连接不同类型的公共空间，将侗寨的"梯田—风雨桥—寨门—民居—水塘—鼓楼—萨坛—梯田—树林"等"核"呈线性关系串联在一起。风雨桥在堂安侗寨边界以外，坐落于田间，作为公共空间序列开端，明确进入村寨领域，沿着两侧梯田的道路通往村寨；沿河而上，经过民居与大大小小的水塘后，到达平整开阔的鼓楼空间组团，视野豁然开朗，穿越民居至萨坛，远处葱郁的树林成为堂安侗寨的自然背景。村寨主要道路本身作为活动空间外，同时也在不同高程上起到纵向链接的作用。从梯田到树林空间由疏到密，秩序感、庄严性步步强化，

图4-13 堂安侗寨公共空间组织

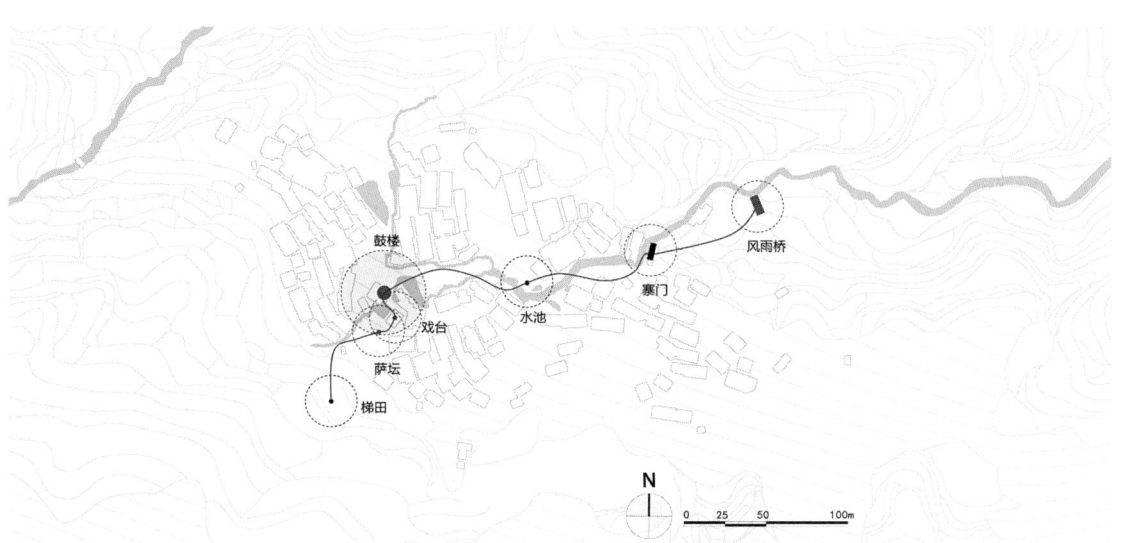

最终鼓楼以高耸挺拔的姿态成为轴线上的视觉焦点。

4.3.3 带状扩展

随着村落的不断发展与扩张，带状扩展空间形态日趋复杂，由多个建筑组团随地形、道路或水系呈带状分布，形成相互联系、密不可分的群体组合空间形态。带状扩展的公共空间多自由开放，充分融入环境。

以银潭侗寨为代表（图4-14），村寨沿山脚分布，四面青山环抱，上寨有一个鼓楼，其余两个鼓楼位于中下寨，三个核心组团空间由河流与道路串接构成银潭侗寨。上寨沿着河道与主路一横一纵分布民居建筑，鼓楼位于交会点，鼓楼东面的农田结合广场与水系形成第一个核心空间，沿水系向东分布中、下寨，通过寨门顺着主路到达第二个核心组团——中

图4-14 银潭侗寨公共空间组织

寨鼓楼，往东走即下寨鼓楼，临近村寨边界，末端分布禾仓群，北面一片风水林象征聚落的繁盛与兴旺。

4.3.4　组团网络

组团网络的公共空间布局一般出现在规模较大、形制较完整的村寨，所处地势多处于丘陵间的平坦地带，村寨的房屋建造密度相对较大。每个村寨内由数个房族自由布局，每个房族内有一个中心公共空间与其他各种类型的公共空间，这些空间被纵横交错的道路组合成为整体。

黄岗侗寨是较大型的传统聚落，公共空间呈典型的组团网络布局。整个黄岗侗寨分别以量井鼓楼、岜西鼓楼、包几鼓楼、当老鼓楼、告洛鼓楼五个鼓楼为核心（图4-15），周围衍生出歌坪、戏台、水塘等空间与鼓楼组合形成公共空间组团，其他建筑围绕它们涟漪般层层扩散开，呈团抱式向心聚合。此外，南北向和东西向的三条溪流犹如村寨的三条动脉贯穿其中，寨内交通纵横交错、顺其自然形成两条南北的道

图4-15　黄岗侗寨公共空间组织

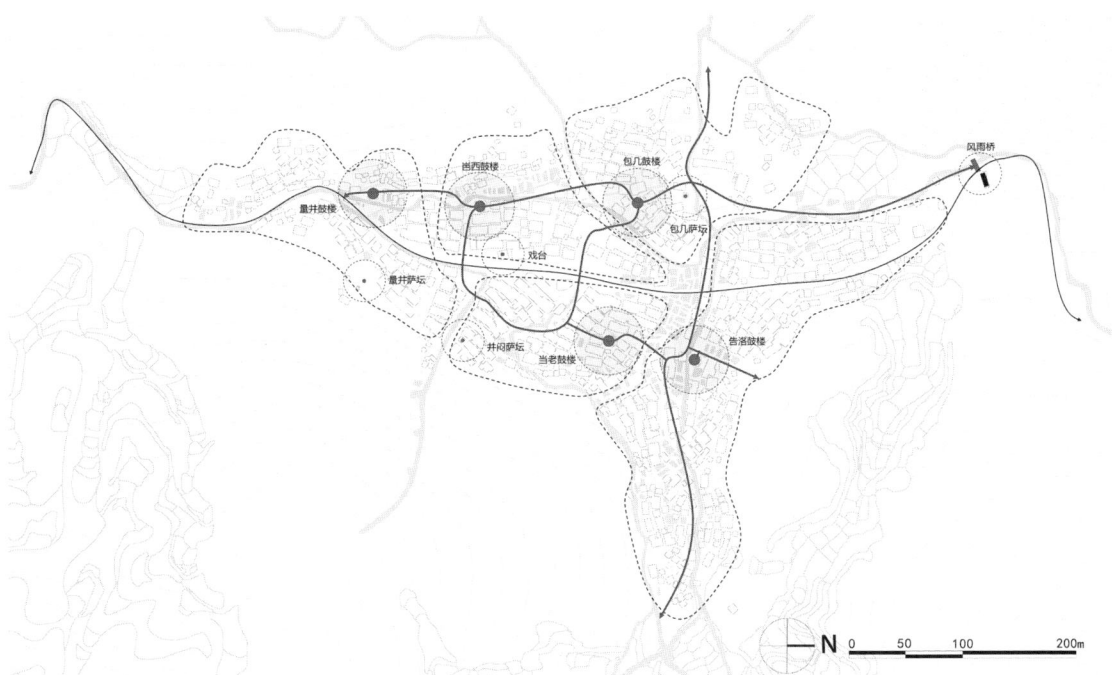

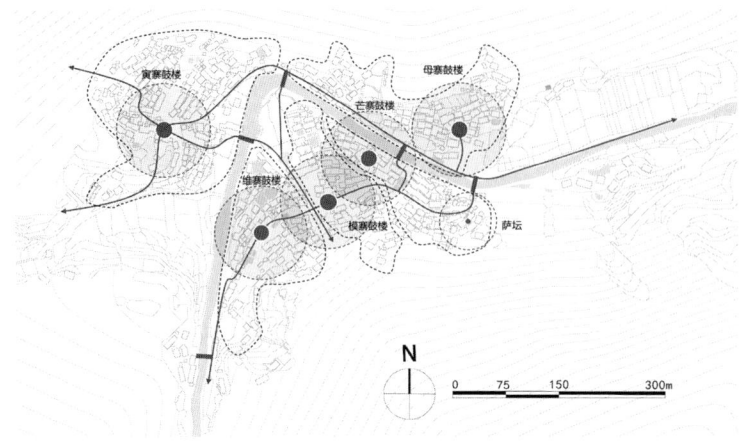

图4-16 地扪村公共空间组织

路结合三条东西向的道路构成全寨的骨架，贯穿各空间组团，形成独特的组团网络空间。

此外，地扪村也是组团网络的典型代表（图4-16）。地扪村有五大房族，均以鼓楼和附属的公共空间为中心。最开始由地扪河北岸芒寨鼓楼发展起来，因此母寨鼓楼象征着全寨中心，随着人口增多以及农耕生产力提升，村寨规模逐渐扩大，相继衍生出地扪河南岸的芒寨、西岸的寅寨以及模寨和维寨，这四座鼓楼分别位于四个居住片区中心，形成以蛛网式的道路格局体系和以鼓楼为中心向外辐射的多组团并存的结构。村寨被地扪河横穿而过，因此分布在河上的风雨桥承担更多的交通功能，公共空间组团沿着地扪河两侧形成了"风雨桥—民居—鼓楼—梯田"的公共空间组织序列。

通过以上分析，总结出侗寨的公共空间组织在一定程度上受到地理环境的制约和影响，形成鲜明的区域特征，同时随着社会历史发展状况和自然经济基础的变化，显著的乡村制度变迁也是影响侗寨公共空间结构变化的一大因素，经济优势和制度优势的出现影响了侗族自身的社会组织结构，并潜移默化地反映到空间结构的形态上。由于以上环境制约和制度变迁二者的共同影响，从社会和意识层面改变了侗寨的价值观念，进而影响了侗寨的社会公共空间，形成了侗寨公共空间组织的四种公共空间类型（图4-17）。第一类是中心放

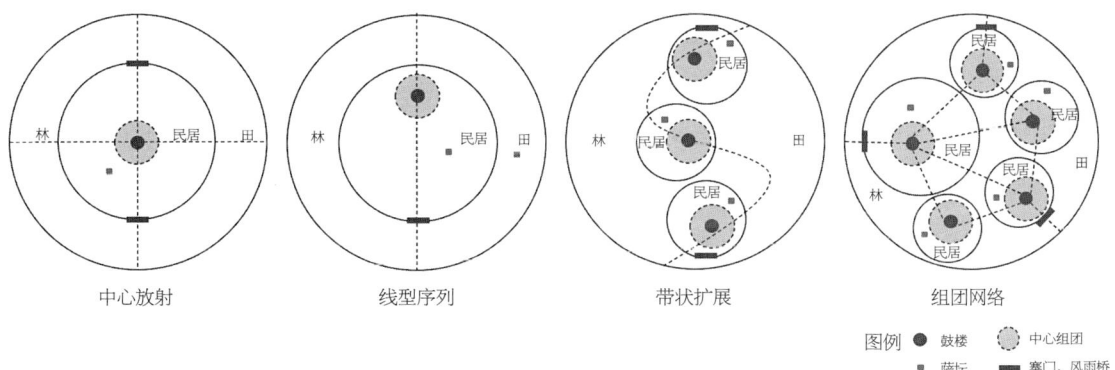

中心放射　　　　　线型序列　　　　　带状扩展　　　　　组团网络

图例 ● 鼓楼　　▦ 中心组团
■ 萨坛　　▬ 寨门、风雨桥

图4-17 侗寨公共空间模式图

射，寨内有明确的单个中心，以一个鼓楼为活动中心，公共场所聚集于周围形成核心公共空间组团，交通上呈放射状形态连接村寨各地。第二类是线型序列，一般受到地理条件的限制，不同的公共空间组团呈线性分布在寨内，并由道路连贯形成一个轴线上依次递进、层次丰富的公共空间序列。第三类是带状扩展，村落发展到一定规模后，新的村落逐渐发展并呈带状形态布局，最后形成以多个鼓楼为核心呈线性排列的公共空间组团。第四类是组团网络，由多个呈中心式的组团构成，各组团以鼓楼为中心，民居围绕鼓楼向四周增殖，呈现网络形态。

4.4 公共空间的特征及其文化表达

公共空间是区域特征的文化表达，侗族的聚落空间从要素到村寨形成了不同层次的空间划分，其中每个公共空间要素都具有文化功能的象征转换，如寨内的"萨崇拜""鼓楼""款组织"等文化表征符号将不同空间连结成相互关联的文化整合体，并且侗寨公共空间的组织方式因文化的变迁与环境的改变发生演变，不同的空间结构往往是相互平衡的结果，从空间维度上探索文化现象和文化传播的过程有利于构建完整的文化系统。

侗族聚落作为人类活动的场所以及创造文化载体，被抽象为文化与精神的主观范畴，其公共空间构建的文化创造物是相互依存、共同组成侗寨的完整结构，由此侗寨公共空间呈现出向心性、层级性、领域性、适应性的特征，表达侗族聚落的区域文化的同时也显示了侗族的文化价值。

4.4.1　向心性

鼓楼是侗族村寨的寨心和标志，是侗族人精神的寄托。鼓楼大多位于寨内的地理核心位置，表现出极强的向心性，根据村寨规模可以分为单核向心性和多核向心性，单核向心性以增冲为代表，而肇兴侗寨内的五座鼓楼则为多核向心性的典型代表。

从空间组织角度来看，鼓楼中心空间尺度比住宅空间更大，居住建筑之间紧密相连，空间狭小，通过鼓楼中心空间的放大，形成具有强烈对比的空间形态，更易将人群汇聚到中心空间。村寨中的其他空间要素围绕着鼓楼形成内聚向心的簇状形态，居住建筑以其为中心展开排布，外围由林、田包围形成自然性边界空间，由内到外形成三个圈层。此外，寨内道路的走向以及建筑的分布都受到鼓楼的控制作用，成为整个村寨的空间秩序焦点。

作为侗寨社区各种公共活动的中心，鼓楼本身就成为传统文化传播、承袭的主要途径和演变、发展的主要场所。中心位置常常用来给神力或一些其他的崇高力量以视觉表现[28]，至今已成为侗寨文化景观的关键标识。鼓楼的中心性也带来了村落内部的方向感，并在视觉上影响村落内部的空间行为，对村寨形态发展起到控制作用。

4.4.2　层级性

"款"是侗族自治的社会组织结构，其基本单位是家庭，其次是房族、寨、村、大洞，最后组成大款或扩大款。侗寨以族姓为核心、以地域为纽带的社会结构形式，使其拥有高度的凝聚力和良好的秩序性，具有鲜明的层级性，其中寨内的社会结构由血缘关系决定，而侗族社会结构的层级性在聚落空间上最能直观表现。鼓楼作为族姓的表征建筑，其建筑等级最高，是款组织运行的载体和纽结。当多个房族共同组成寨时，一般以最古老的鼓楼为整个侗寨的共同核心，如地扪芒寨鼓楼、高仟宰养鼓楼。再者，每个房族又分别以各自的鼓楼形成次一级核心。同时，房族内不同公共空间组团之间也存在着鲜明的层级关系，以鼓楼为中心的空间组团是房族内占地最大、公共性最活跃、秩序感最强、等级最高的核心，萨坛、风雨桥、戏台等次中心公共空间组团则形成占地较小、功能性更明确的次一级中心组团，层层核心分明，秩序井然，呈众星拱月之势，形成明显的空间层级关系。

长期以来，款的层级性在侗民的生活中产生深刻影响，并给聚落公共空间带上鲜明的层级色彩。侗族聚落的空间层级作为款层级的明显表征不仅起到凝聚人心的作用，对保护侗寨的生存和发展也有特别的意义，是侗族聚落公共空间文化的精髓，高度体现侗族的营造智慧。

4.4.3 领域性

黔东南侗族在长期的历史变迁中，各个民族之间基于斗争与生存的现实问题，以及自然条件的限制，形成较明显的村寨领域感。这种领域感更多地建立在自然环境的天然边界以及标志性建筑物的暗示上。侗寨大多把自然环境要素作为村落边界条件加以利用，形成自然边界。环村的河流、坡坎、山坳、环丘等自然地形景观均可作为村落边界的一部分或全部。此外，还有非连续性的人造的象征性边界公共空间。例如，村口，通常由寨门、村树、风雨桥形成入口的标识空间，这些要素处于村落边缘区，形式与体量均不同于民居的建（构）筑物，共同暗示与界定村落的领域，形成边界的场所性、多样性和层次感。

聚落的领域性是聚落场所的意义加强，给在此居住的侗民以心理上的安全感。边界要素的象征意义远大于实用性意义，它在生活经验与集体意识等层面的共同认知，形成侗族村民心中的无形但可完全信赖的村落边界，并因生活于边界之内而获得心理上的安全感与满足感。

4.4.4　适应性

侗族村落公共空间是历史的，同时也是动态和演化的，它的本质是运动的，其适应性反映公共空间对所处生态环境的适应能力。侗寨公共空间形态发展活跃，在面对各种复杂多变的地理条件影响下，其特性依旧保持相对的稳定。

首先，鼓楼作为侗族村寨内最为核心的位置，其中心性具有一定的稳定性。在平地上时，鼓楼一般位于平坦、宽阔的中心位置，当村寨位于山地上时，公共空间的适应性则更明显地表现出来。以堂安鼓楼为例，受地形影响，尽管鼓楼不在村寨最中心位置，但由于其显眼的位置和极佳的风水，仍旧起到统摄整合整个村寨凝聚力的作用。其次，侗寨公共空间序列一般为"风雨桥—寨门—民居—鼓楼"，在面对多变的环境条件下，也具有一定的适应性。堂安位于山地上，河流水系并不发达，但风雨桥仍出现在村寨最低处的溪流之上，形成一种象征性的停留感边界。再者，无论侗寨处于何地，其村寨的边界感都十分明确，寨门与风雨桥作为边界空间的象征，在不同地形上的村落都依旧保留，有时寨门与风雨桥会组合出现；有时寨门会出现在村寨以外的道路上，与风雨桥相隔一段距离；有时风雨桥会结合二者功能与水系共同构成边界空间。其不同的呈现方式都是对自然环境适应后的结果。侗寨公共空间的适应性与环境存在相互依托的关系，当公共空间得到平衡、和谐的持续发展时，公共空间与自然环境才能稳定发展，体现适应与共生的关系。

4.5 总结

本章以黔东南地区侗寨为对象，对侗寨聚落公共空间进行研究，主要发现有以下几点：

首先，作为侗族公共空间的主要要素，鼓楼、萨坛、风雨桥三者形态特征各不相同，鼓楼处于核心地位、周边空间开阔、外观雄伟华丽，萨坛主要表现为狭小、隐蔽，其建筑感与场所感较弱，风雨桥一般结合溪流位于寨头村脚作为村寨的边界标识，它们之间相互联系共同为侗民提供富有活力的公共生活空间和社区典礼的承载空间，凝聚了高度的文化归属感与民族认同感。

其次，不同类型的公共空间组织反映出不同的内部社会组织结构，公共空间的组织方式受到地理环境的制约和制度变迁的影响而改变了侗族的价值观念，从而影响到侗寨公共空间并形成中心放射、线型序列、带状扩展、组团网络四种公共空间类型。

最后，侗族聚落公共空间是历史文化的载体，民族精神的凝聚，聚落复兴的触媒。侗族聚落公共空间所体现的向心性、层级性、领域性、适应性是侗族文化不断积淀与发展的结果。

参考文献

[1] 陈竹，叶珉 . 什么是真正的公共空间？——西方城市公共空间理论与空间公共性的判定[J]. 国际城市规划，2009，24（3）：44–49+53.

[2] MUMFORD L. The highway and the city[M]. London: Secker & Warburg, 1964.

[3] JACOBSS J. The death and life of great American cities[M]. Harmondsworth: Penguin Books, 1964.

[4] GEHL J. Life between buildings: using public space[M]. 6th ed. Washington, DC: Island Press, 2011.

[5] LYNCH K. The image of the city [M]. Cambridge: MIT Press, 1960.

[6] 郑霞，金晓玲，胡希军 . 论传统村落公共交往空间及传承[J]. 经济地理，2009，29（5）：823–826.

[7] 周政旭，罗亚文 . 黔中白水河谷布依聚落公共空间的形态研究[J]. 西安建筑科技大学学报（自然科学版），2018，50（2）：258–264.

[8] 王静文，韦伟，毛义立 . 桂北传统聚落公共空间之探讨——结合句法分析的公共空间解释[J]. 现代城市研究，2017（11）：10–17.

[9] 刘兴，吴晓丹 . 公共空间的层次与变迁——村落公共空间形态分析[J]. 华中建筑，2008（8）：141–144.

[10] 梅策迎 . 珠江三角洲传统聚落公共空间体系特征及意义探析——以明清顺德古镇为例[J]. 规划师，2008，24（8）：5.

[11] 吴斯真，郑志 . 桂北侗族传统聚落公共空间分析[J]. 华中建筑，2008（8）：229–234.

[12] 赵晓梅 . 黔东南六洞地区侗寨乡土聚落建筑空间文化表达研究[D]. 北京：清华大学，2012.

[13] 姜又春，禹四明 . 侗族村寨聚居模式的空间结构与文化表征[J]. 原生态民族文化学刊，2017，9（3）：6.

[14] 刘骏，蒲蔚然 . 侗族村寨公共空间的景观要素与特征解读[J]. 规划师，2014，30（7）：129–133.

[15] 李伯华，徐崇丽，郑始年，等 . 基于图式语言的少数民族传统村落空间布局特征研究——以湘西南侗为例[J]. 地理科学，2020，40（11）：1784–1794.

[16] 范俊芳，熊兴耀 . 侗族村寨空间构成解读[J]. 中国园林，2010，26（7）：76–79.

[17] 石庭章 . 谈侗寨鼓楼及其社会意义[J]. 贵州民族研究，1985（4）：5.

[18] 杨昌鸣 . 寨桩·集会所·鼓楼——侗族鼓楼发生发展过程之我见[J]. 贵州民族研究，1992（3）：7.

[19] 严昌洪 . 侗寨鼓楼的起源与功用新论[J]. 中南民族大学学报：人文社会科学版，1996（1）：37–39.

[20] 石开忠 . 侗族鼓楼文化研究[M]. 北京：民族出版社，2012.

[21] 杨思藩 . 侗寨鼓楼[J]. 贵州文史丛刊，1991（3）：141–143+136.

[22] 贵州省文管会办公室，贵州省文化出版厅文物处 . 侗寨鼓楼研究[M]. 贵阳：贵州人民出版社，1985.

[23] 赵晓梅 . 族群互动影响的侗族鼓楼建筑形式与空间表征研究[J]. 建筑学报，2019（S1）：53–58.

[24] 周政旭 . 贵州南侗地区山地聚落人居环境营建初探[J]. 城市与区域规划研究，2016，8（1）：112–136.

[25] 蔡凌 . 侗族聚居区的传统村落与建筑[M]. 北京：中国建筑工业出版社，2007.

[26] 韦国盛，甘华高译 . 祭祖歌[M]. 南宁：广西民族出版社，2011.

[27] 杨国仁 . 侗族祖先哪里来[M]. 贵阳：贵州人民出版社，1981.

[28] 鲁道夫·阿恩海姆 . 中心的力量——视觉艺术构图研究[M]. 成都：四川美术出版社，1991.

（本章部分内容已刊载于《西部人居环境学刊》2024年第6期）

第５章
民居营建

本章作者：张玥，高梦瑶，周政旭

摘要：通过对14个典型侗族传统聚落及其民居详细测绘材料的分析，总结侗族木材为主、兼有砖石的营建材料，"前堂后屋，楼梯居侧"的平面格局，下层畜牧、二层火塘、中层居住、顶层储藏的基本竖向形制；在基本形制的基础上，进一步探讨南侗民居平面、立面以及屋架的衍生形式、穿斗式木构架承重等方面的特点，还讨论了侗族传统民居的细部装饰特征；系统归纳南侗民居因地制宜、取材灵活、包容性强的整体营建特点。

5.1　引言

黔东南地区侗族聚落与民居特色十分突出。对侗族民居建筑的研究起始于20世纪八九十年代，建筑学相关专业有学者如韦玉姣、李长杰对侗族建筑进行了研究[1, 2]。2006年，侗族木构建筑营造技艺被列入国家级非物质文化遗产，再度成为建筑学领域的研究热点。其中，蔡凌的研究最为全面，从文化区域、村落、建筑对侗族民居进行了全面系统的研究[3]，详细阐述了侗族民居的营建过程。近年来，对侗族建筑的研究趋于微观，更加细致全面，例如蔡凌对侗族实尺营造技艺的介绍[4]、叶宝聪对禾仓建筑和陈顺祥对鼓楼的演变研究[5, 6]。

在上述研究成果的基础上，我们调研了黔东南南侗地区的7个河谷聚落群，详细测绘其中岜扒、占里、银潭上寨、银潭中下寨、高仟、留架、增冲、四寨、黄岗、述洞、堂安、高近、腊洞、登岑共14个典型的侗族传统聚落，测绘典型建筑的平面、立面、剖面，并关注建筑周边的环境要素。基于此，进一步探索南侗传统民居建筑整体营建特点，以期丰富南侗传统民居研究成果。

5.2　聚落特征

"苗居山，侗居水"，侗族聚落通常以鼓楼为中心，在水系周边沿等高线布置。在大部分情况下，侗族居民更倾向于挑选靠近水源、坡度较小的地带营建民居，使单体建筑拥有平整的屋基，村落整体呈现叠落布局。直接在大落差山地上建造住宅是较早期的做法，现有留存相对较少。

侗族聚落的民居密度远高于其他少数民族，可能与侗族人民的传统观念有关。侗族人民认为寨门、风雨桥应该位于村寨的寨尾，才能锁住财源[7]，万物有灵，不能够随意开山伐木[8]，同时会将河流等自然要素作为村寨的边界。较早的侗族村寨依附河谷平坝、沿河建村，而后又向上寻找相对平缓的坡地营村建寨。在相对有限的适宜环境中，侗族人严守开发边界，不随意扩张建设用地，因此内部民居建筑较为致密。

5.3　材料

侗族建筑主体营建材料以当地常见的杉木为主，叠落的青黑瓦顶与棕色的木屋共同构成侗族村寨的基本形象。侗族民居通常以碎石砌成屋基，而后立木制屋架，围以木制墙体，铺设树皮望板、小青瓦屋面。在材料选择上，侗族人民也表现得颇为包容，常会根据实际需要自由变动。例如，增冲村的萨玛祠为青砖合院，黄岗等村落直接铺设树皮作为仓库、粮仓等小建筑的屋顶，不再继续铺设瓦顶。

5.4　民居形制

5.4.1　竖向空间

侗族民居通常为2到3层，根据首层的做法，可被分为地面式与干栏式两种。侗族干栏式民居与其他南方干栏民居相似，采取一层畜牧储藏，二层火塘与起居空间，二层及以上住人的竖向格局（图5-1、图5-2）。但将牲畜在家中养殖的做法相对较少，更多情况下，居民会将大牲畜如牛养在靠近田地的牛棚里，仅在农闲时节将其带回。地面式民居则将一层完全作为生活空间使用，即一层为堂屋火塘厨房、二层以上为卧室的格局，牲畜完全不出现在家中。两种民居的顶层都被作为储藏室使用。侗族建筑一般不设山墙，直接将木构架以及阁楼暴露在外，以避免木构架受潮腐朽。因此，顶层相

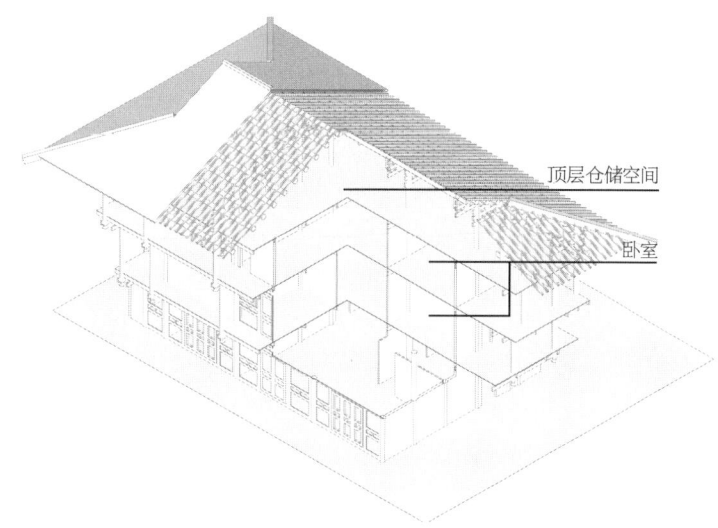

顶层仓储空间

卧室

图5-1　侗族民居竖向空间划分

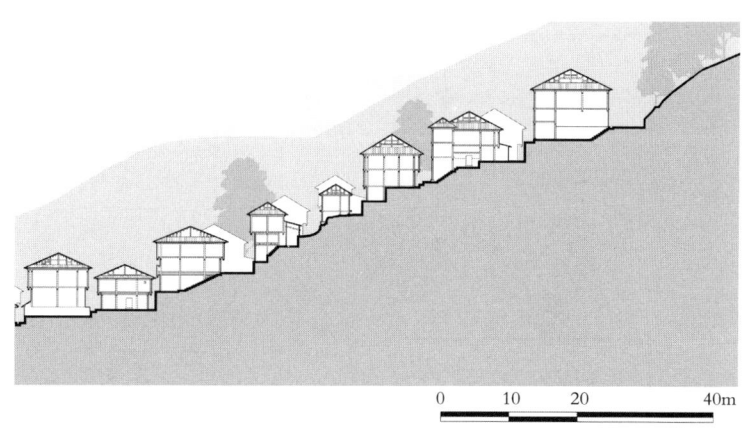

0　　10　　20　　40m

图5-2　侗族民居竖向设计和地形的关系

对通风阴凉，也就常被居民用作储藏室。二者最主要的区别即为火塘间的位置变化，地面式民居的火塘间位于首层，火灾风险较低。

5.4.2　平面布局

南侗地区民居往往以火塘为核心空间。一栋房子里居住了几家人，就会有几个火塘。早期的干栏式住宅，上楼后为宽敞前廊，通过前廊后为火塘间，而后再由火塘间进入卧室。后期的地面式房屋将火塘间与堂屋合并位于一楼，卧室则位于两旁。二层的格局也被简化，通常直接由前廊进入卧室。此外还能够找到一些介于二者之间的住宅，一方面，这些住宅已将火塘置于地面层，另一方面又不具有"一明两暗"的空间关系，仍保留干栏式住宅偶数开间的特征（图5-3）。

侗族民居居住人口较多。大部分民居中平日居住的人口为4~5人，过年时还有外出务工人口返回。因此，侗族民居的卧室多在6间以上。侗族民居的稍间常被作为楼梯间使用，大部分情况下不设围护结构。有时居民也会单独为楼梯建设一道披檐，如果房屋两侧各设一部披檐下楼梯，即会形成类似歇山顶的房屋。

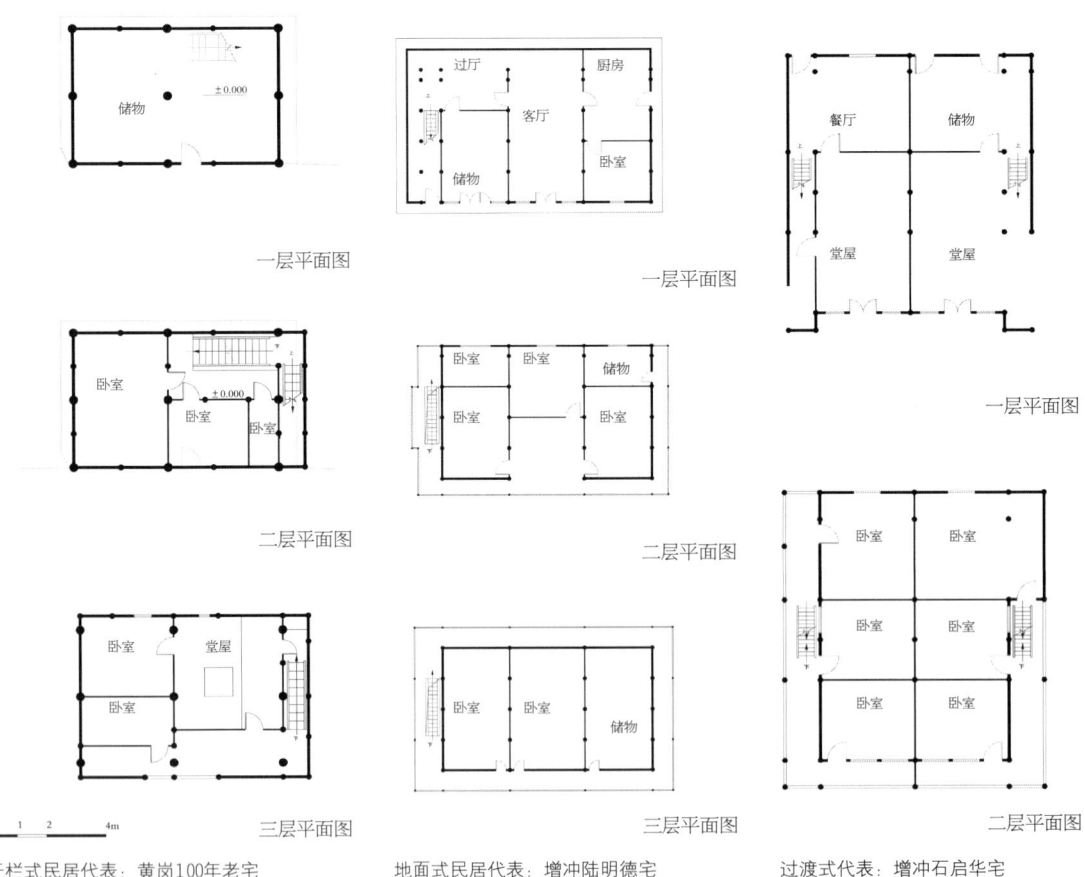

干栏式民居代表：黄岗100年老宅　　地面式民居代表：增冲陆明德宅　　过渡式代表：增冲石启华宅

图5-3 平面布局

部分侗族民居开始使用入口凹进空间，其进深通常为0.5~0.8m，其后为火塘或堂屋（图5-4）。入口凹进空间相对较小，一般不设功能，仅作为灰空间使用。入口凹进空间突出了堂屋在侗族居民生活中的重要地位，强调了入口空间，使得民居的立面更为丰富。

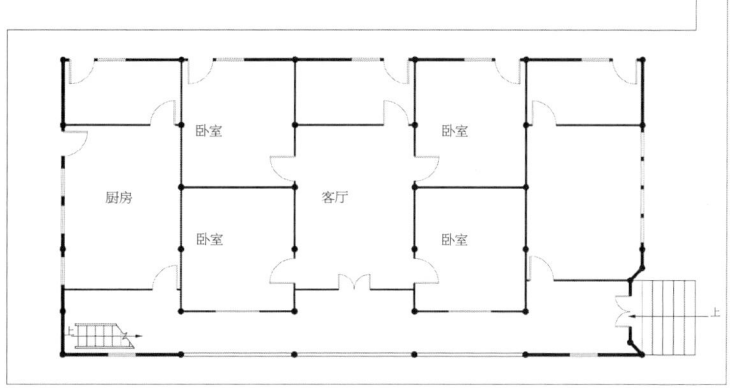

图5-4　入口凹进空间代表：述洞村谢正仪宅首层平面图

披檐的增加使得侗族民居形态变得非常多样。披檐可以位于正面，也可用于山面，可以与房屋主体同长，也可以仅有部分。披檐可以根据建造时间分为两种，一种为一体式，在立屋架时与主体屋架一同建造，与主体屋架连为一体，其功能多为楼梯，或者与中间房间相通，材料也与主体相同。另一种为增建式，往往是后期使用中，居民认为现有空间无法满足生活需要，需要增添空间，便会在山墙侧或者前后廊处增添披檐，其功能常为储藏或厕所。四寨周新良宅中披檐类型颇为全面。

较小的悬挑空间在侗族村落中非常常见。大悬挑空间常出现在坡度较大的村落，此时，由于没有足够的平地，居民想要获得更大的居住空间，只能采取向空中悬挑的方式获得，典型如占里吴再兴宅。

侗族建筑一般为单体建筑，受外界的影响，偶尔也有合院存在，典型的如高近侗寨四合院。高近四合院由一间正房与两间厢房组成，有宅门，但没有倒座房。从平面上看，正房与西厢房为典型侗族民居布局，东厢房没有堂屋。中央设有天井。与汉族合院屋架彼此独立不同，高近四合院共用一部分屋架，三个房屋以及大门在结构上是一个整体。

5.4.3 立面构成

在立面上，侗族民居和其他传统建筑相似，呈现出三段式的特征，即屋基、墙体与屋顶。侗族民居的立面造型既能看出外来文化的影响，也同样影响着当地的汉族苗族等其他民族的民居。

侗族早期的干栏式民居地面做法非常简易，木构架直接立在平整硬化后的地面甚至山岩上。而后，随着人员流动与汉族建筑技术的影响，侗族人民也开始砌筑平整屋基。侗族建筑屋基做法相对简易，除了鼓楼、戏台等公共建筑做法考究外，民居仅仅使用碎石拼缀为地基台帮，柱础则以柱脚下垫的1～2块片石代替。

侗族民居墙面多由木板制成。侗族聚居区冬无严寒、夏无酷暑，气候温和，湿度较大，这使得居民重视通风多过保温，为木墙面的广泛使用提供了可能。实际上，在二层以上的部分，绝大部分侗族民居仅会围合私密空间如卧室、火塘等，走廊甚至部分储藏空间都不作围护。侗族传统纯木结构的墙面做法，在下槛与上槛之间设槅扇做门，其余开间设坎墙，上施木窗，只不过坎墙被替换为木材。木窗多装饰有雕花。二层以上常有围栏。

侗族民居屋顶中，悬山最为常见。偶有人家会做成歇山，增添重檐。侗族居民常根据需要自由增添披檐，这使得侗族建筑的屋顶形式变得极为丰富。其屋顶往往为小青瓦屋面，不设灰背保温层与勾头滴水，整体较为简易。

随着民族间的交流与技术的进步，侗族民居建造逐渐发生变化，其立面形象开始受到其他民族的影响，变得更为丰富，更加适应日常生活需要，典型的包括"一砖二木"与山墙的引入。

在一些民居特别密集的村落，由于一层湿度大，木墙朽坏较快，因此居民会使用砖石作为围护结构。此背景下，当地政府开始提倡"一砖二木"的做法，即民居一层的围护结构使用砖墙，二层及以上使用木材。这样的做法可以在保证居民生活质量的基础上，最大限度维持侗族聚落的传统风貌。典型如岜扒石体华宅（图5-5）。

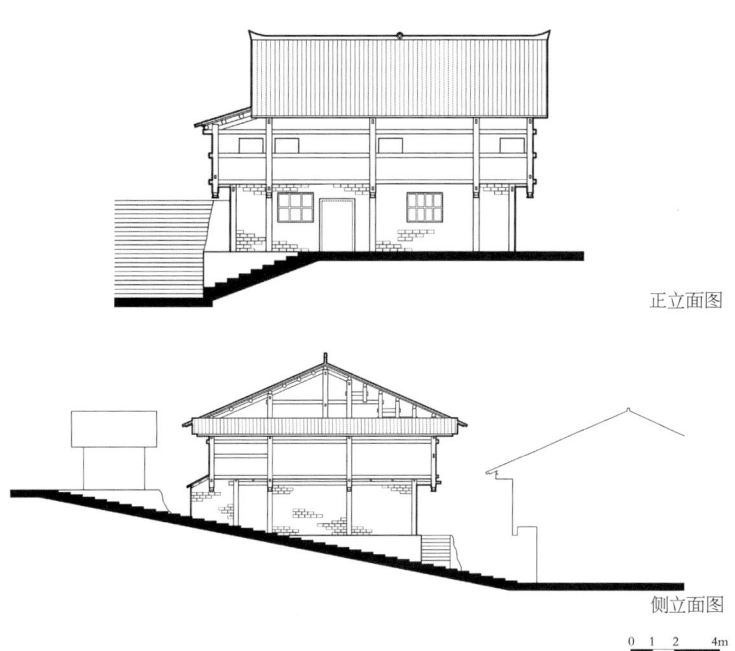

正立面图

侧立面图

图5-5　"一砖二木"代表——岜扒石体华宅

0　1　2　　　4m

在一些富裕或受到外界强烈影响的村落，出于防火等目的，工匠也开始使用类似山墙或封火山墙的做法，不过一般用于萨坛等公共建筑，在民居中相对少见，典型如增冲农民起义纪念馆（图5-6）。

5.4.4　屋架构造

侗族建筑的穿斗屋架有着高超的成就，在建造时，工匠先将进深方向的柱子以穿枋穿接为一排扇，再将各排扇以

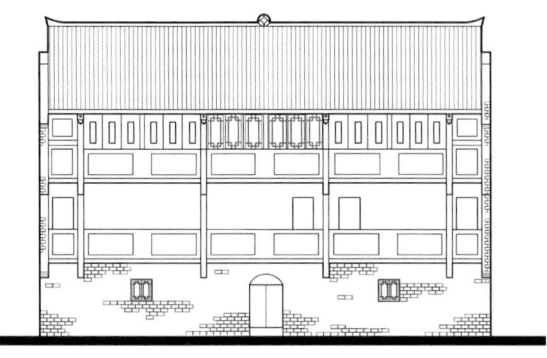

正立面图

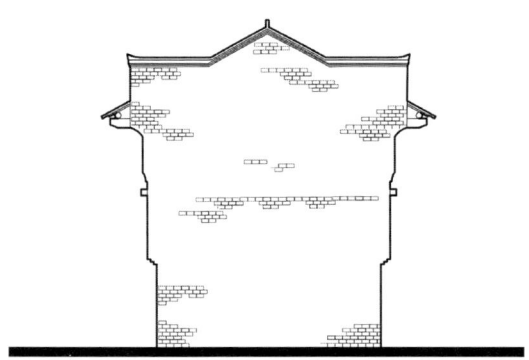

侧立面图

0　1　2　　4m

图5-6　硬山代表——增冲农民起义纪念馆

斗枋拉结为整体。各枋子截面较小，不发生穿插。节点处以木钉加固。侗族屋架开间自由，往往根据需要自行增减，2～3开间的民居最多。排扇做法相对固定，最基础的排扇为3柱或5柱，而后掌墨师傅会根据需要增添灵活减步数与披檐（图5-7）。在实际测绘中，5柱的民居最为常见。侗族民居多呈倒金字塔形，为实现这一目的，工匠会在需要挑出的部分增添垂柱。挑出通常不大，两柱轴线距离多在0.5m以下，超过1m的悬挑相对罕见。

　　为了满足日常生活的需要，侗族工匠开始尝试对屋架进行改良，创造出屋架衍生形式，典型的有错柱与减柱。侗族屋架最有特点的是柱子的错动，这种做法在其他地区并不多见，非常具有代表性。在我国绝大部分的传统建筑中，柱子

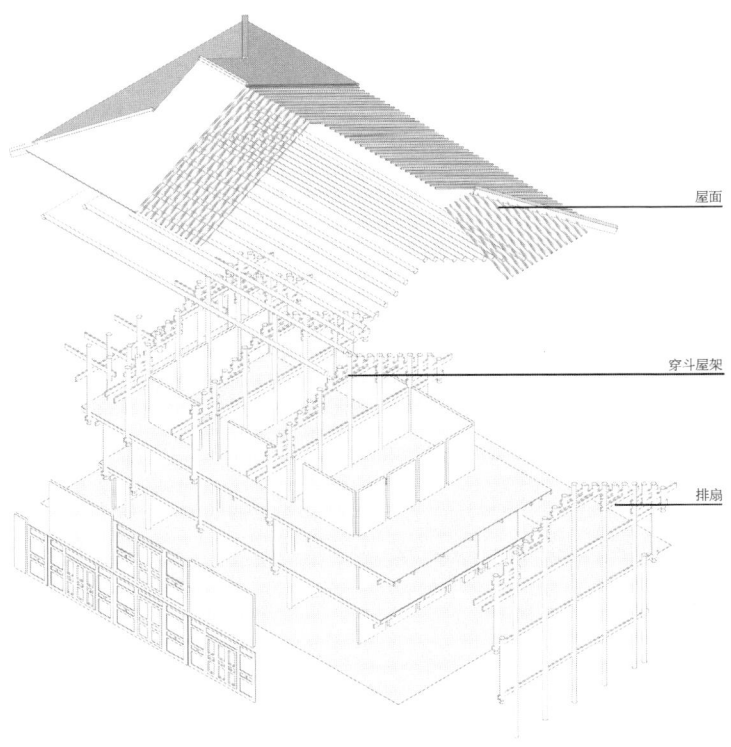

屋面

穿斗屋架

排扇

图5-7　侗族民居屋架与排扇基本形制

为通柱，上下对齐。前文提到，侗族民居的挑出相对较小，多为0.5m以下，考虑到柱径，如果做成通柱，剩余的狭小空间将会非常难以使用。因此，侗族工匠在立屋架时，会根据实际需要将柱子进行调整，承重作用较小、又出现在房屋中间影响通行使用的柱子，往往会被工匠截断，而位于隔断处的柱子会被保留。

减柱做法也在侗族建筑中广为应用，尤其是鼓楼。侗族工匠往往会适当省略中心的柱子，以获得更大的底层空间。在民居中，也有工匠开始尝试类似的做法，通过适当减少中间排扇的柱子，来构建更大的房屋。

在民居建造中，错柱做法与建筑做法的灵活使用，一方面能够减少大木材的消耗，使房屋更加省料；另一方面获得了更大的房间，使得室内布局更为实用，体现了侗族掌墨师高超的建筑技艺。

5.5　细部装饰

侗族人民在满足遮风避雨的基本需求之后，也开始对民居进行装饰，形成了丰富的民间装饰艺术，常见的装饰包括彩绘、彩塑、木雕、瓦片拼花等等。这些装饰在公共建筑中最为丰富，侗族人民非常热衷于装饰自己的鼓楼、戏台、花桥，民居相对朴素。

其中，彩绘与彩塑一般只出现在公共建筑如戏台、鼓楼、风雨桥上，几乎不出现在民居里。彩绘常位于檐板上，彩塑则多位于屋脊与屋顶，多由村民们集体创作，内容主要有传统吉祥图案、侗族神话传说与侗民日常生活。

木雕则最常出现门窗、围栏、挂落楣子与垂柱上。即使是最朴素的民居，也会用木条拼缀成长窗，只是式样相对简单。讲究人家会使用传统的吉祥图案对门窗围栏进行装饰（图5-8），如寿字纹、万字纹、回纹等。垂柱上最常见的纹样为莲花。

侗族民居屋脊采用瓦条砌成，通常为上下两排斜向瓦条，末端常有起翘，类似江南雌毛脊做法，但更为简易。有时为了美观，一条屋脊会多次起翘。屋脊中央用瓦条拼出图案作

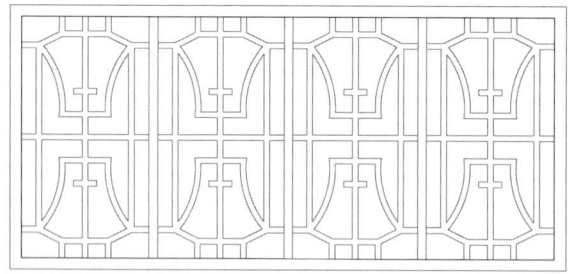

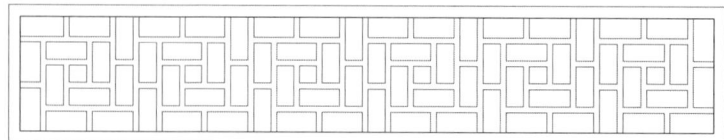

图5-8　侗族木窗常见式样

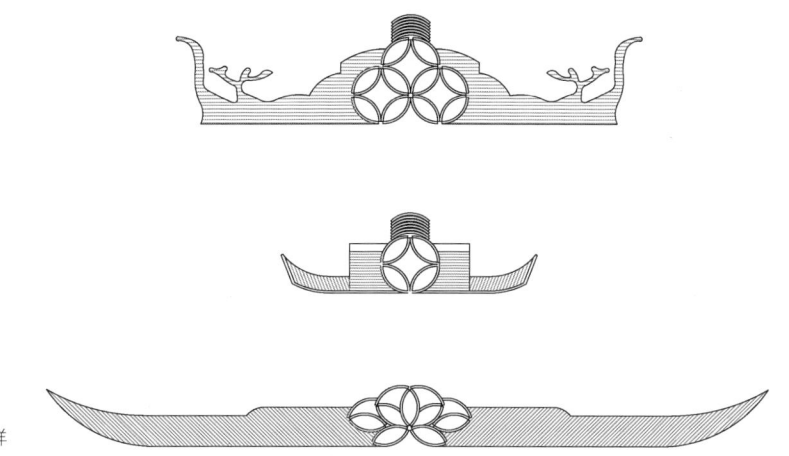

图5-9　侗族瓦脊拼花常见式样

为装饰，常见图案有铜钱、双铜钱、莲花、五角星等（图 5-9）。这种做法在西南广为传播，从湘西到广西都有使用。

5.6　总结

南侗地区侗族民居在其相对独立的发展过程中，最大限度保留了传统风貌，形成鲜明的民族特征，体现出山地环境下独有的人居智慧。侗族民居随山就势，因地制宜，根据坡度不同，灵活采用民居结构适应环境。工匠就地取材，博采众长，最终形成了木屋林立，瓦顶层叠的聚落形象。南侗地区侗族民居是适应黔东南湿热环境的产物，既是侗族居民遮风避雨的物质构造，也是传承侗族居民民族文化信仰的精神空间。

南侗地区民居建筑的基本形制可大致分为干栏式与地面式，除在竖向功能划分上有所差异，其余大致相同。在竖向上，干栏式采取下层畜牧、二层火塘、中层居住、顶层储藏的功能划分；地面式不设畜牧，采取一层火塘、中层居住、顶层储藏的功能划分。平面上，侗族民居采取前堂后屋、楼梯居侧的格局。穿斗式木构架是侗族民居的基本结构体系，木材与瓦制屋顶是主要的围护体系。

　　南侗地区民居建筑通常具有极强的灵活性，随着日常需求的增加与技术条件的进步，在基本形制的基础上形成了各式衍生类型。例如，在各个方向增添披檐，增加使用面积；采用错柱与减柱优化屋架结构，优化空间布局，增加使用面积。此外，虽然受环境的影响外出交通不便，南侗民居的发展相对独立，但仍然受到外来文化的影响，使得其建筑形象变得更为丰富，并对当地其他民族的民居形成影响。

参考文献

[1] 韦玉姣. 广西三江侗族村寨初探[D]. 南京：东南大学，1998.

[2] 李长杰. 桂北民间建筑[M]. 北京：中国建筑工业出版社，1990.

[3] 蔡凌. 侗族聚居区的传统村落与建筑[M]. 北京：中国建筑工业出版社，2007.

[4] 蔡凌，李欣瑜，邓毅. 侗族木构建筑的实尺营造[J]. 建筑师，2020（4）：46-52.

[5] 叶宝聪. 黔东南从江、榕江、黎平侗寨禾仓建筑衍变研究[D]. 广州：华南理工大学，2018.

[6] 陈顺祥. 建筑技术发展与侗族鼓楼演变[J]. 古建园林技术，2019（2）：45-51.

[7] 秦红增，梁园园. 侗族村寨的空间结构及其文化蕴涵——以广西三江高友侗寨为例[J]. 西南边疆民族研究，2009（00）：55-69.

[8] 《侗族简史》编写组. 侗族简史[M]. 贵阳：贵州民族出版社，1985.

第 6 章
文化遗产特征与价值

本章作者：向萱，钱云，周政旭

摘要：本章从乡村人居遗产的角度出发，探讨了黔东南侗族的乡村景观特征。研究从单体民居、村寨组织、村寨与周边环境、山地环境四个层面，总结南侗地区侗族村寨乡村景观遗产的价值。研究发现，黔东南地区侗族具有显著的山地乡村景观特征，在历史的演进过程中逐渐形成了与环境相适应的人居环境构建及与社会组织和结构密切互动的聚落空间，具有突出乡村景观遗产价值。这些人居遗产特征为中国人居遗产以及山地传统聚落的保护与可持续发展提供了重要参考。

6.1 引言

人居遗产是指传统人类住区及其周边环境所体现的文化遗产。它不仅包括村落的物质形态和空间布局，还包括塑造社区生活的文化传统、社会习俗、地方知识体系和非物质实践。近年来，人居遗产在中国文化遗产保护中日益受到重视。乡村人居遗产是人居遗产的重要类型，在人地关系的长期互动中，中国乡村人居遗产具备鲜明特色，多元一体，具有重要价值。但随着城镇化进程的加速，中国乡村的面貌正在发生深刻的变化，大多数传统聚落及其承载的遗产价值面临威胁，研究并保护其遗产价值十分必要和紧迫。主要位于黔桂湘三省（区）交界的南侗地区的侗族村寨作为中国少数民族村寨文化景观的典型代表，同样面临着巨大挑战。为了更好地保护和传承侗族村寨的文化遗产，需从人居遗产视角出发，深入分析侗族村寨的文化特征和价值。本章以侗族村寨为研究对象，通过对其单体民居、村寨组织、村寨与周边环境、山地环境等方面的分析，探讨其文化遗产的特征和价值，以期以此为例，为乡村人居遗产的保护和传承做出积极贡献。

6.2 研究背景

"人居型"世界遗产曾是人类在特定文化、经济、政治背景下创建的杰出的环境空间，具有遗产属性与生活属性，是传统的人类居住地的杰出范例[1]。人居遗产大多起源于悠久的聚落，并延续至今，能够展示独特的文化风貌和聚落发展脉络，在人地关系的长期互动中，中国乡村人居遗产形成了独特鲜明的地方特征，种类多样。总体来说，乡村地区的人居遗产与人的聚居行为和农牧渔生产行为密切相关，体现了独特的聚落营建历程与智慧。20世纪三四十年代，英国已萌发了对国家古代遗迹进行普查和保护的意识，明确提出传统人居环境的保护理念[2, 3]。日本在1976年设立了重要传统的建造物群保存地区制度，实现了历史村落环境的系统保护[4]。英国高度重视历史村落风貌区的划定与规划管理[5]。进入21世纪，国外研究更强调在保护与发展之间找到平衡，方法上强调应用定量分析和跨学科综合评估。近年来，我国不断加强对乡村人居遗产的保护工作，先后出台政策，保护历史文化名镇名村、传统村落、非物质文化遗产、农业遗产、灌溉遗产等，研究也开始重视传统村落所蕴含的整体文化内涵。当前需要开展更多的实证研究，探索不同聚落类型在基于生境的遗产方面的区域差异，更进一步地挖掘其承载的人居遗产价值。

位于黔桂湘三省（区）交界地带的南侗聚落是乡村人居遗产的典型代表。2013年初，贵州省黎平县、榕江县、从江县，以及湖南省绥宁县、通道侗族自治县，以及广西壮族自治区三江县，联合提交了侗族村寨申报项目，被列入《中国世界文化遗产预备名单》，认为其价值体现在以下三个方面："①侗族村寨是人与自然的完美融合，体现了侗族人适应自然生存发展的原则；②在侗族文化传统的背景下，侗族人创造了各种具有鲜明乡土特色的建筑体系；③侗族村落数量多、分布广、宗族多，保存了丰富的文化信息"[6]。这些被提名的侗寨分布在不同地域，生态环境、村落景观、文化特色各异，有机地构成了一套完整的侗寨文化价值体系及其人居空间承载。侗族村寨的保护和传承，对于维护中国世界文化遗产的多样性和完整性，具有重要意义。

侗族聚落群位于山地、丘陵之中，地形起伏大，景色优美，侗族人民经过世代耕种劳动，在此创造出山林、溪流、梯田、村寨等组合而成的灿烂的乡村景观，并在随后发展过程中，通过人对民居、空间、环境的适应与调整，不断改造聚落空间，最终形成具有生存智慧的山地聚落人居环境。在这种不断适应文化变迁、生活方式变化、环境改变而自身也在不断演进的过程中，则展现了其具有"聚落适应性"与"聚落整体性"的特征。在既往众多学科如建筑学、规划学、人类学等的研究工作中，早期多聚焦于探讨其聚落建筑的结构、特点[7-9]，随之多聚焦于村落形态、格局及分布特征[10]，近年来也越来越多研究如何进行发展与保护[11, 12]。对于其具有的价值，研究此前多从非物质文化遗产角度对该地区的侗族文化、风俗加以挖掘[13]，但总结其文化遗产属性的研究则相对缺乏。

作为中国南方一种具备鲜明特色的聚居类型，侗族村寨拥有丰富的物质和非物质文化遗产。侗族村寨的鼓楼、萨坛、风雨桥、吊脚楼民居和以河流为基础的空间模式，体现了对其居住环境的独特文化适应。与此同时，侗族人民还发展了复杂的传统生态知识和文化习俗，以维持其村寨的生存。本文将从人居遗产的视角出发，从单体民居、村寨组织、村寨与周边环境、山地环境四方面进行分析，总结黔东南侗族聚落乡村景观的特征，深入反思黔东南地区侗族村寨及其景观的特征和价值，希望能为中国人居环境遗产的整体保护和可持续发展提供翔实的案例研究和方法论参考。

6.3　研究对象

贵州省黔东南苗族侗族自治州处于贵州省东南部，为侗族聚落的主要分布地，也是被列入《中国世界文化遗产预备名单》的侗族村寨所在地之一。本研究以黎平、从江、榕江三县地区的侗族聚落为主要研究对象，该三县为贵州省黔东南苗族侗族自治州辖县，位于省境东南部，地区内分布大量侗族村落、并有不少列入全国传统村落名录。这些村寨海拔在280m到1000m之间，人口数量从2900人至6600人不等，地区和民族特征明显，文化传统得到延续并保存良好，村寨中的建筑群式样精美，技艺高超，是木构建筑的优秀范例，这些村寨也是在西南山地环境下聚居的典型案例，符合乡村景观遗产标准而具有重要研究价值。本章将以乡村景观为研究视角，从单体建筑、村寨布局、村寨与周边环境、山地环境中的侗族聚落体系四个方面阐述其乡村景观特征。

6.4 人居遗产视角下的侗族村寨特征

6.4.1 单体建筑特征

侗族聚落的典型建筑与场所中，鼓楼、萨坛、风雨桥、吊脚楼民居特色鲜明，成为乡村景观的特征性要素。

（1）鼓楼

鼓楼是侗族木构建筑营造技艺的突出代表，是侗族村寨最重要的建筑和标志。黔东南侗族先民们选定寨址之后便先建鼓楼，历来保存着"未建寨子，先建鼓楼"的做法。作为该村的象征与标志，鼓楼通常会建立在重要位置上，周围民居则围绕鼓楼布局，形成具有自由布局特征的向心方式[14]。这种布局方式受到地形地势的约束，而且能够顺应表达出乡村景观的特性和美感。鼓楼一般以杉木为原材料，一般高达二十多米，几层至十几层不等，结构精巧，造型美观。鼓楼前建有一个广场，为全村人提供议事集会、庆祝节日和其他公共活动的场所。因此鼓楼不仅是侗族建筑中的杰出代表，而且是侗族的重要精神场所，从民族的文化、历史、信仰、到习俗、节日、交往、艺术、娱乐等等诸多方面都与鼓楼联系紧密。图6-1为岜扒岩寨鼓楼。

（2）萨坛

"萨"在侗族人的语言中是"祖母"的意思[15]，被侗族人视为村寨的保护神而具有至高无上的权威。为供奉"萨"而设置的建筑即为萨坛，它是侗寨具有神圣性的建筑。一

图6-1　芭扒岩寨鼓楼

般来说，逢年过节或者村寨举行集体活动时就要祭萨以祈求村寨平安、人畜兴旺、五谷丰登。不同村寨的萨坛布局位置也各有特点，有的位于村寨中的清静之地，有的位于村寨外的显著之所，有的位于村寨中心鼓楼之旁。每年会在此举行祭萨活动是最为神圣的仪式，不仅参与者众多，还有特定流程与标准，绕行村落特定的地点进行[16]。因此，萨坛不仅形象独特，更具有重要的信仰意义，起到凝聚社区的作用。

（3）风雨桥

侗族聚落选址常常位于依山傍水之地，为满足其生产、发展及社交需求，各村寨必须解决跨水出行的问题，由此在水上产生不同样式的木桥——风雨桥。风雨桥通常作为村寨与外界的分界，位于村头寨尾的水面上，是村内通往外界的重要道路，因其可供行人躲避风雨而得名"风雨桥"。风雨桥景观特征突出，桥墩多为石砌，桥由梁、廊、亭等部分构成，由木材以榫卯建构而成，桥身刻画雕饰十分精美（图6-2）。风雨桥不仅具有供行人通行、休息、交流的功能，还有标示边界、护佑村寨、祈求村寨吉祥安康的作用。

图6-2　高仟风雨桥

（4）民居

干栏式吊脚楼是侗族村寨民居建筑的典型代表。侗族居住于山区，地势不平，且多蛇鼠蚊虫，为有效利用地势且趋利避害，侗族人将穿斗式与抬梁式等木构技艺相结合创造出其民居特有的营造工艺，建起一座座吊脚楼。吊脚楼一般2～3层，底层无人居住，主要是用来饲养家禽、存放农具与杂物；中间层为居民居住及活动的地方；顶层通风干燥主要用于储藏粮食。吊脚楼一家一栋，由若干栋吊脚楼聚集而成布满整个寨子，形成侗族村寨中占主体的乡村景观要素。

6.4.2　村寨布局特征

侗族人民在独特的自然环境及历史文化影响下创造出形式不同、层次丰富的村寨组织，在村寨内部逐渐形成较为明确的中心与边界。鼓楼通常在村寨中占据着最为中心的地理位置，侗寨的其他建筑以此为中心，围绕其扩展开来：由鼓楼坪、萨坛和戏台构成村寨的核心圈层，围绕着鼓楼而建的是民居建筑，再往外是粮仓禾晾，村寨最外部是寨门、风雨桥——这也是典型的侗族村寨组成结构，其中寨门与风雨桥不仅是村寨重要的组成部分，更是代表村与外界之间的边界。侗族村寨建筑通常层层围绕鼓楼的民居一同

后 记

2008年，进入吴良镛先生门下攻读博士学位不久，先生带领我们几位刚进入研究阶段的"小学生"赴西南某地调研。临近调研尾声，我们想在结束之后，结伴去河谷更上游的地方探索一番，但又顾虑于旅途安全、日程安排等。踌躇之际，先生知道了我们的想法，特意晚上召集开会，给我们讲了他年轻时的故事，其中一句至今记忆犹新："腿脚长在自己身上，趁年轻时候就要多去看看。"后来，沿途峡谷的自然格局、城镇村庄、史前聚落遗址等都给我留下了深刻的印象。此后没多久，该地区发生了罕见的大地震。我们除了庆幸在先生鼓励下成行的这段"计划外旅程"之外，也遗憾当时为什么没有更多看一些地方，多记录一些东西。

此后，我在吴良镛先生的指导下以贵州为对象开展相关研究。多次调研中逐渐领略到贵州各地少数民族聚落的美好，先生又鼓励我对此开展深入研究。2013年获得博士学位后，吴先生多方联系，促成了清华大学建筑与城市研究所、贵州省住房和城乡建设厅《贵州省"四在农家·美丽乡村"人居环境整治示范项目合作备忘录》的签署，本系列研究的开展得益于该项合作搭建的平台。从选题到调研再到写作过程，吴良镛先生每每悉心指导，先生的言传身教，无论是对治学的不懈追求，还是对我国城乡建设、传统文化的高度责任感，都深深感动并影响着我，并将使我终身受益。

在整个研究过程中，清华大学建筑学院、贵州省住房和城乡建设厅、黔东南州住房和城乡建设局等单位以及黎平、从江、榕江三县对我们的工作给予了大力支持。特别要感谢在前期策划选点时给予大力支持的伍祥华学长，在调研期间带领实地走访的黎平县吴国耸，从江县田芳、李顺峰、吴文前等诸位先生，在预调研和实地测绘阶段同行或提供支持的钱云、罗康智、赵明波、张强诸位好友，以及在村寨中每位给予热忱帮助和款待的乡村干部和村民！在此致以最诚挚的谢意！

最后，感谢"山村志"的每位成员。2018年夏天黔东南侗族典型村寨测绘以及随后多次补充调研，以及随后持续近5年开展专题研究，才让这本不成熟的册子得以呈现在所有读者面前。当然，文中还有很多错漏及不足之处，敬请读者批评指正。

周政旭

2023年2月